安徽省省级质量工程项目阶段性成果

计算机应用技术专业人才培养方案及核心课程标准

JISUANJI YINGYONG JISHU ZHUANYE RENCAI PEIYANG FANGAN JI HEXIN KECHENG BIAOZHUN

张晓慧 著

中国科学技术大学出版社

内 容 简 介

本书是安徽省省级质量工程项目——计算机应用技术特色专业省级教研项目的阶段性成果。在社会调研、人才需求分析的基础上，本书从社会职业岗位能力的要求出发，以清晰的人才培养目标定位和职业面向为前提，构建了“五阶段、三循环、能力递进”的工学交替的人才培养模式，形成了“323”课程体系结构和以工作过程为导向的课程标准，更好地适应了地方区域经济和行业企业发展对计算机应用技术高技能型人才的需求。

本书内容成熟、结构严谨、指导性强，可作为职业教育管理部门、职业院校和培训机构的教师、管理人员、科研人员进行计算机应用技术专业课程开发和教学研究的参考资料。

图书在版编目(CIP)数据

计算机应用技术专业人才培养方案及核心课程标准/张晓慧著.—合肥：中国科学技术大学出版社，2016.8
ISBN 978-7-312-04027-6

Ⅰ.计… Ⅱ.张… Ⅲ.①电子计算机—人才培养—高等职业教育—教学参考资料 ②电子计算机—课程标准—高等职业教育—教学参考资料 Ⅳ.TP3

中国版本图书馆 CIP 数据核字(2016)第 141630 号

出版 中国科学技术大学出版社
安徽省合肥市金寨路 96 号，230026
网址：http://press.ustc.edu.cn
印刷 合肥市宏基印刷有限公司
发行 中国科学技术大学出版社
经销 全国新华书店
开本 710 mm×1000 mm 1/16
印张 10.5
字数 212 千
版次 2016 年 8 月第 1 版
印次 2016 年 8 月第 1 次印刷
定价 33.00 元

前　言

阜阳职业技术学院计算机应用技术专业于2000年被评为国家级教学改革试点专业，十几年来，本专业依据国家社会职业分类与行业标准、区域经济水平与产业结构、区域教育程度与教育资源以及国家职业资格制度等因素，形成科学合理的高等职业教育专业方向，同时结合经济、社会发展需要及人才市场需求变化随时进行专业调整。

在专业建设过程中，我们每年都安排教师前往合肥、江苏、上海、深圳、武汉等地的软件企业进行调研和培训，通过和企业的深度接触，我们及时、准确地掌握行业的最新信息和发展动态。学院还组织教师到其他示范院校进行考察和交流。此外，我们还定期回访毕业生，收集毕业生及所在企业的反馈信息。在上述基础上，我们邀请来自行业协会、企业及院校的专家组成专业教学委员会进行专业设置论证，确定了“一专多能”的人才培养目标，逐步构建了“五阶段、三循环、能力递进”的工学交替的人才培养模式，形成了“323”课程体系结构。

在专业课程标准的制定过程中，以“任务(项目)驱动、过程导向、教学做合一”为原则，我们确定了每门课程在专业建设过程中的作用与地位，明确了以完成典型工作任务(项目)为学习知识与技能的载体，并选择与设计了学习情境。

在职业能力的课程考核方面，将过程考核和结果考核相结合，注重学生实际学习效果的考查，将职业态度、敬业精神、团结协作、工作纪律以及工作业绩纳入整个学习过程中进行考核，使职业素质教育贯穿于人才培养的全过程。

本书是安徽省省级质量工程项目——计算机应用技术特色专业省

级考研项目的阶段性成果。在本书的写作过程中,我们得到了学院领导的大力支持,特别是系部李成学老师的无私帮助,在此致以衷心的感谢。

由于作者水平有限,书中难免有疏漏和不足之处,敬请广大专家和读者批评指正。

著 者

2016 年 3 月

目　录

第一部分　人才培养方案制定的原则和方法

一、制定专业人才培养方案的重要性

随着信息时代的到来，高等职业教育培养的具有“一技之长”、服务地方经济社会发展的高技能型人才越来越受到用人单位的欢迎。因此，高等职业教育要及时跟踪市场需求的变化，主动适应区域、行业经济和社会发展的需要，以服务为宗旨，以就业为导向，找准学校在地方区域经济和行业发展中的位置，加大人才培养模式改革的力度，坚持走产学结合发展道路，培养面向生产、建设、管理和服务的第一线需要的高技能人才。但由于地域、行业、办学体制等具体情况不同，各高职院校在具体的专业人才培养方案的设计与实施上各具特色，各高职院校不能使用“拿来主义”直接套用其他高职院校的人才培养方案，而应根据学校具体情况“量身打造”符合学情、符合校情、符合行业（企业）、符合地方区域经济的科学、规范、合理的人才培养方案。

制定专业人才培养方案是实施人才培养的重要环节，专业人才培养方案既是人才培养目标、培养规格以及培养过程、培养方式的总体设计，又是学校保证教学质量的基本教学文件；专业人才培养方案是师资、校内外实训基地等教学条件建设的前提；专业人才培养方案是组织教学过程、安排教学任务、确定课程体系的基本依据。由此可知，专业人才培养方案的制定是保证人才培养质量的前提。

二、制定专业人才培养方案的原则

《教育部关于全面提高高等职业教育教学质量的若干意见》（教高［2006］16号）指出：“要积极推行与生产劳动和社会实践相结合的学习模式，把工学结合作为高等职业教育人才培养模式改革的重要切入点，带动专业调整与建设，引导课程设置、教学内容和教学方法改革。”因此，各高职院校纷纷以实施“示范性高等职业院校建设计划”为契机，主动服务于地方经济，结合行业标准，开展校企合作机制，加强校企合作，通过工学结合人才培养模式的探索、设计、实施与总结提升，积极进行高职教育教学的改革与建设。虽然人才培养因校而异，但人才培养方案的制定应遵循以下几个原则。

（一）人才培养方案应适应经济社会发展需要，注重可适应性

制定高职人才培养方案要广泛开展社会人才需求调查，关注社会市场经济和专业领域技术发展趋势，收集毕业生就业反馈信息，努力使人才培养方案紧跟时代发展需要。人才培养方案不仅要从人才培养目标、人才培养模式、教学内容等方面与社会对人才的需求保持一致，还要遵循教育教学规律，妥善处理好社会需求与教学工作之间的关系，处理好社会需求的多样性、多变性以及教学工作相对稳定性的关系。

（二）人才培养方案应坚持育人为本、德育为先，促进学生全面发展

人才培养方案必须全面贯彻党和国家的教育方针，把社会主义核心价值体系、社交礼仪融入人才培养全过程，围绕培养目标对人才的知识结构、能力结构和专业技能的要求，坚持以职业能力为主线、以就业为导向，培养学生职业道德精神，注重加强知识育人、文化育人、实践育人，提高思想政治教育工作的针对性和实效性。注重全面提高学生的综合素质，增强学生自信心，促进学生身心健康发展。

（三）人才培养方案应体现科学性、先进性

人才培养方案必须以地方区域经济发展对人才的需求为依据，明确人才培养目标，深化工学结合、校企合作、顶岗实习的人才培养模式改革。一方面，教师要走出校门，广泛开展社会调查，了解行业（企业）对人才的素质、知识、能力的要求；另一方面，邀请行业（企业）专家参与人才培养方案的制定，实现专业建设紧跟产业发展、专业与行业（企业）岗位对接，学生实践能力培养符合职业岗位要求，将学校的教学过程和企业的生产过程紧密结合，引进与本专业相关的新技术、新理论、新方法，充分体现“依托行业、校企合作、优势互补、资源共享、互动双赢”工学结合机制，达到科学培养人才的目的。

（四）人才培养方案应突出应用性、针对性

高职院校的招生对象是普通高中毕业生和具有与高中同等学历的学生，基本

学制为三年。这类学生大部分的学习特点为学习积极性不高、学习主动性差、自控能力较弱,但考虑到实现学生自身发展和企业发展的人才需求,为学生的职业生涯和可持续发展奠定坚实基础,拓展更加宽广的成长空间,因此,高职院校应以社会需求为目标,以培养学生的技术应用能力为主线来设计人才培养方案,以"应用"为主旨构建课程体系和教学内容,基础理论教学以"必需、够用"为度,注重专业课程体现职业技能的针对性和应用性。为了培养学生实践操作能力,高职院校的实践教学应在教学计划中占有较大比例,实践教学的主要目的是培养学生的实际操作能力和技术应用能力。学校与社会用人单位结合,师生与实际劳动者结合,理论与实践结合是培养高职人才的基本途径。

另外,将与专业相关职业资格考试内容融入专业课程教学之中,使学生在毕业前至少获得一个与所学专业相关的职业资格证书,突显学生的专业技能,增强学生就业的竞争能力。

(五)人才培养方案应突出实践性

转变传统的教学理念,注重开发"教、学、做"一体化教学模式,加大实践教学改革力度,减少演示性、验证性实验,校企合作共同开发基于实际工作项目的实训项目,以使学生掌握从事专业领域实际工作的基本能力和基本技能。

(六)人才培养方案应从实际出发,突出专业特色

在制定人才培养方案时,各个院校的各专业应认真执行国家有关统一规定,同时根据各专业不同的特点,结合地方经济社会发展的人才岗位需求,发挥优势与特长,制定出具有专业特色的人才培养方案。

(七)人才培养方案应科学规范、层次清楚、易于执行

人才培养方案的主要内容通常包括:招生对象、招生专业与学制、培养目标与规格、人才培养模式、课程教学体系、教学实施与保障、工学结合实训基地、专业委员会等。

三、高职院校制定专业人才培养方案的方法

高职院校制定专业人才培养方案需要经过社会调研、研讨人才培养模式、课

程体系构建、课程实施与保障和毕业条件这几个过程，具体操作流程如图 1.1 所示。

① 社会调研。包括社会、行业、企业对专业技术人才需求状况及专业和课程内容需求的调查、分析与研究。

② 研讨人才培养模式。岗位职业能力分析是关键，通过调查分析该专业对应的职业岗位(群)的工作任务，以及所需要的专业知识、操作技能，从而确定人才培养规格和人才培养模式。

③ 课程体系构建。将一系列的工作任务转化为教学单元或教学模块，将职业能力目标转化为教学目标，将相关的知识技能转化为具体的学习训练内容，将教学单元(模块)、学习训练内容归并、综合后形成各门教学课程，按教学年限进行教学安排，并根据工作任务完成课程标准(包括学习范围的深度和广度、实践训练安排、教学方法建议、配套教学设备、考核标准与方式)的制定。

④ 课程实施与保障。师资队伍建设、教学资源、实习实训基地建设和建立教学质量保障体系，确保教学质量优质化。

⑤ 毕业条件。学生按照学科考核标准完成课程考试，毕业时获得一个或多个技能资格证书。同时学院跟踪毕业生就业情况，并依据教学评价结果及学生就业情况反思课程开发与实施的诸多环节，进一步完善人才培养方案。

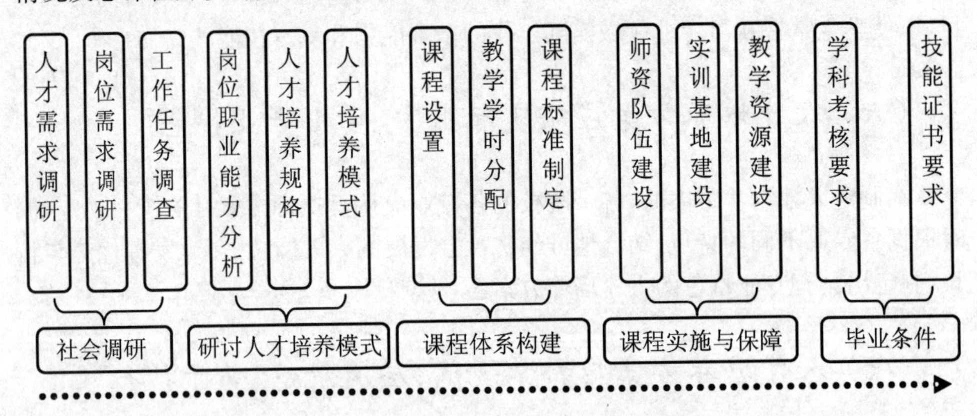

图 1.1　制定专业人才培养方案流程图

高职专业人才培养方案大致包括以上五个环节，但笔者认为高职人才培养方案的三要素，一是人才需求分析，确定专业人才培养目标和培养规格，即培养什么人；二是职业岗位分析，重构课程体系与课程标准，即培养人什么；三是教学模式分析，转变教学方法与评价方式，即怎样培养人。阜阳职业技术学院工程科技学院计算机应用技术专业 2000 年成立，是国家级高职高专教育改革重点专业，在 16 年的专业建设中，学校坚持高职院校专业人才培养方案的三个要素，逐步完善计算机应用技术专业人才培养方案的制定。

第二部分　计算机应用技术专业情况分析

一、计算机应用专业历史与现状

阜阳职业技术学院工程科技学院计算机应用专业在长达16年的建设中，一直不断完善专业人才培养方案，力求为市场需求培养出高技能型技术人才，促进地方经济的蓬勃发展。图2.1反映了阜阳职业技术学院工程科技学院计算机应用专业课程体系经过了“偏理论”“理论与实践相结合”和“理论为基础，重点在实践”的变迁，着重培养学生的计算机软、硬件的实践操作能力。

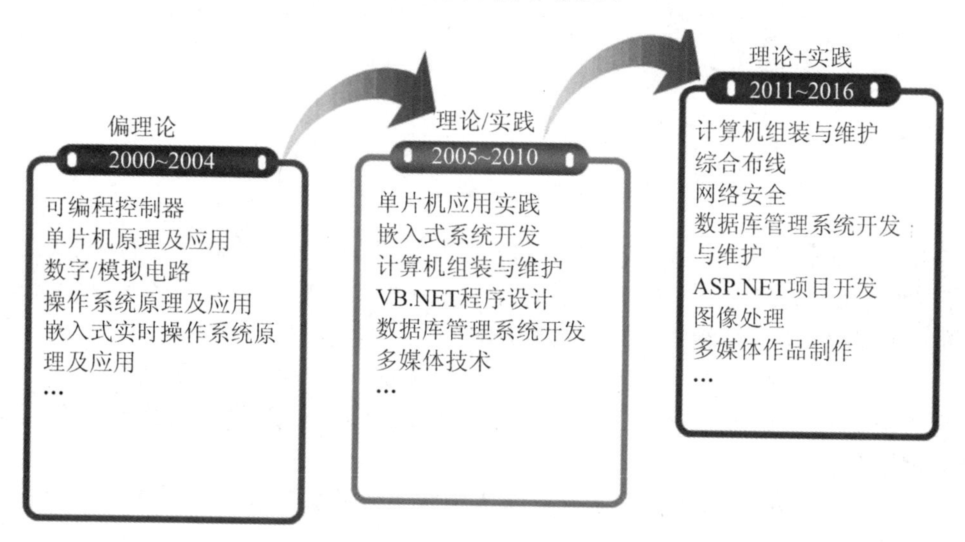

图2.1　计算机应用专业课程体系变迁

表2.1是2011级人才培养方案中的职业岗位。2011级人才培养方案较以前的课程体系作了很大的调整和改进，注重了学生实践能力的培养，但由于课程体系在构建中缺少社会需求调研，以至于知识体系很难适应社会发展对高职人才的需求。实践证明，从事第一核心岗位“嵌入式系统应用技术员”的毕业生几乎为零，存在“高不成、低不就”的就业情况。培养的人才无法对口就业，招生人数逐年减少，因此，根据社会发展需求，结合地方经济发展，合理、科学地制定专业人才培养方案

迫在眉睫。

表 2.1　2011 级人才培养方案中的职业岗位

岗位名称		岗位描述
核心工作岗位	嵌入式系统应用技术员 计算机系统维护技术员	单片机应用系统的设计与开发 嵌入式系统产品的管理与维护、安装调试 计算机软硬系统安装 计算机软硬件系统的维护与维修
相关工作岗位	应用系统开发技术员 嵌入式系统开发技术员 IT 类产品技术人员与营销员	从事计算机应用系统的设计与开发工作 从事嵌入式系统设计与开发工作 IT 类产品的销售、售后服务 IT 类产品的技术支持与保障

二、基本情况与改革思路

（一）基本情况

经过调研和实地走访，我们对计算机应用专业的人才培养方案进行了反复修订，明确了专业定位和人才培养规格，确定了人才培养模式，构建了较为科学合理的课程体系，优化了 2015 级人才培养方案。

(1) 专业必须以社会需求为导向，明确专业面向的产业是——IT 服务业、计算机软硬系统、数据库维护与开发、维护；学生的需求是——对口就业、岗位满意度、发展空间等。

(2) 职业岗位需求的趋势是生产工人锐减，专业技术人员、销售与服务岗位增加较快，管理岗位相对稳定。

(3) 随着我国 4G 网络、“三网融合”、电子政务、电子商务、企业信息化的建设与发展，企业对高技能新型计算机应用技术人才需求预计今后 5 年将达到 60 万～100 万人，计算机类技术型人才的缺口无疑是巨大的。因此，计算机应用专业人才培养所面向的职业岗位主要集中在以下岗位(群)：

① 管理岗位：企业信息主管、总监、IT 经理、项目经理等；

② 工程技术岗位：规划设计师、网络工程师、系统工程师和数据库工程师等；

③ 运行维护岗位：数据库管理员、系统管理员、网络管理员、服务器管理员等；

④ 操作岗位：办公文员、网页制作员、平面设计员、多媒体制作员等。

(4) 本专业面向的产业是IT服务业(系统/数据/维护)，但服务行业种类繁多，涉及IT通信、互联网、银行、制造、生产、物流、交通、房产、电信、移动保险、电力等，所服务对象需求人才的比例图，如图2.2所示。

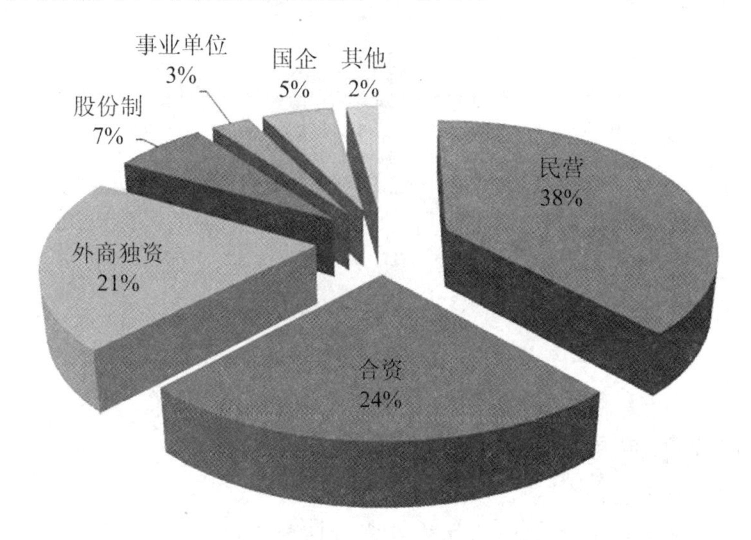

图2.2　IT人才需求与公司性质比例

(5) 本专业培养的专业人才的就业区域主要集中在皖北地区，包括蚌埠、淮南、阜阳、亳州、合肥、六安、滁州、淮北、宿州这9个城市。从收集的数据(图2.3、图2.4)来看，IT运行与维护人员的学历要求主要为大专和本科，其中大专学历需求最多；IT运行与维护人员的工作经验为1～3年的技术人才最受用人单位的欢迎。

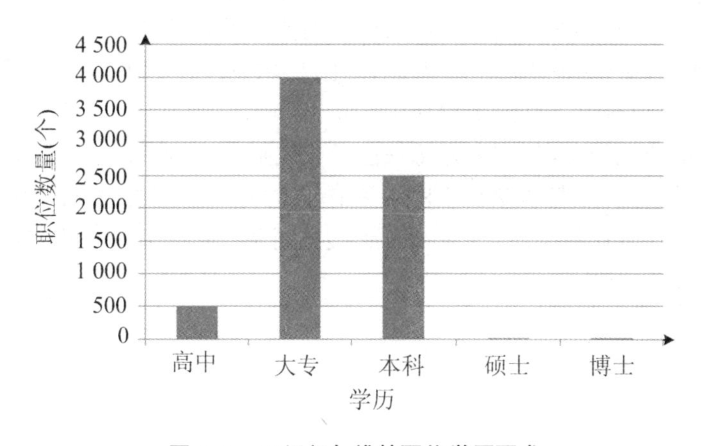

图2.3　IT运行与维护职位学历要求

由于行(企)业用人成本增加、毕业生源充足等因素，社会拒绝使用刚刚毕业的大学生，更乐意选用有一定工作经验的人员。产生这个现象的背后原因是：学校培养的毕业生与行(企)业对人才的要求不匹配,毕业生自主学习能力、团队协作能力、可持续发展能力较弱,人才培养模式不能满足职业可持续发展的要求。

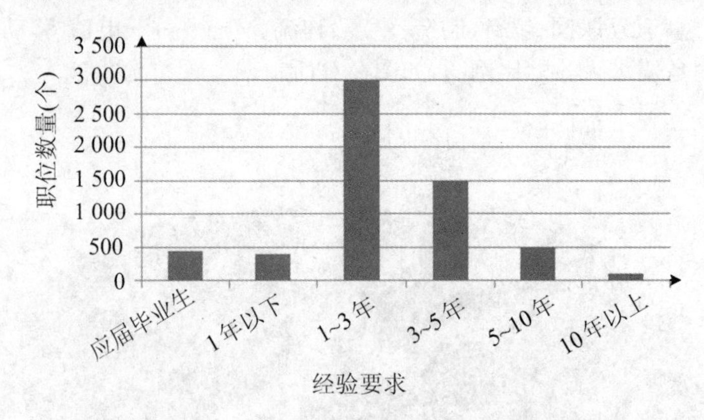

图 2.4　IT运行与维护职位岗位经验要求

(二) 改革思路

通过综合分析调查数据,结合本专业实际情况,我们对人才培养方案进行了四个关键性改革。

① 坚持面向社会需求开发专业方向,面向学生需求建设专业。人才培养方案的制定必须以提升专业报到率和就业对口率为目标,走校企合作、工学结合的办学理念,实现企业项目与教学内容对接,提升专业特色。

② 计算机应用专业应注重职业能力培养,改变传统人才培养模式,通过校企合作,实现学生在校学习期间就完成与就业岗位的无缝对接。

③ 计算机应用专业必须定位准确,以强化职业岗位能力培养为目标,构建课程体系,从而形成科学完整的课程体系。

④专业的建设与发展,离不开每一位专业教师,它要求每一位教师能在本专业中找到自己的位置,落实到专业课程体系中,同时师资队伍的建设采用“走出去、请进来”的培养方式,让教师通过不断的外出进修学习、进企业等多种方式,加快教师自身素质的成长,从而促进“教学相长”。

第三部分　计算机应用技术人才培养方案标准和要求

一、专业名称和专业代码

（一）专业名称

计算机应用技术。

（二）专业代码

590101。

二、招生对象和学制与学历

（一）招生对象

普通高中和中职毕业生。

（二）学制与学历

三年制专科。

三、专业培养目标

计算机应用技术专业的培养目标是培养学生具有良好的思想道德素质及职业道德和创新精神。掌握计算机应用的专业基础知识和基本技能，具有一定的实践技能；熟练掌握计算机软硬件相关操作技能，能适应在生产、服务和管理第一线工作的计算机办公应用、硬件维护、网络应用和软件应用的初、中级技能型专门人才。

本专业采用“一专多能”的人才培养理念，注重培养学生的多种职业技术能力。

计算机应用技术（工程技术方向）：主要是培养能从事计算机网络安装、测试、维护、管理和应用的中等应用型专门人才和高素质劳动者。

计算机应用技术（运行维护方向）：培养信息系统运行管理员、网络管理员等岗位需要的德、智、体、美全面发展的高素质技术技能型专门人才。

计算机应用技术（操作方向 ）：从事企事业单位的办公文员、网页制作员、平面设计员、多媒体产品开发，广告设计与创意，印刷品的设计等领域的专业技术人员。

四、人才培养模式

根据高等职业教育特点，结合地方企业人才需求调研及学生实际情况，本专业以清晰的目标定位和职业面向为前提，形成了“五阶段、三循环、能力递进”（图3.1）的工学交替人才培养模式，以适应区域经济和行（企）业发展对计算机应用高端技能型人才需求。

第一阶段：行业认知与专业认知。第一学期，通过专家讲座、企业参观等多种形式的专业教育活动，使学生对计算机相关专业领域的工作岗位以及典型工作任务有全面的了解；通过培养模式与课程体系的介绍及教学内容的初步实践，使学生对专业及学习任务有全面的认知，为学生下阶段学习奠定基础。利用校内实训室以“课岗融合”的方式，采用项目驱动教学法，主要实施职业素养课程和专业基础课程的教学，进行办公技能实训。

第二阶段：专业核心能力培养。第二、三学期利用校内实训室以“课岗融合”的方式，采用基于工作过程的教学模式，实施专业核心课程教学，通过工作任务的分解，由浅入深逐步引导学生完成相关项目内容，切实掌握专业核心技能，具备岗位核心能力。

第三阶段：岗位实践。第二学年安排 2～4 周的实践教学周，鼓励学生在皖北

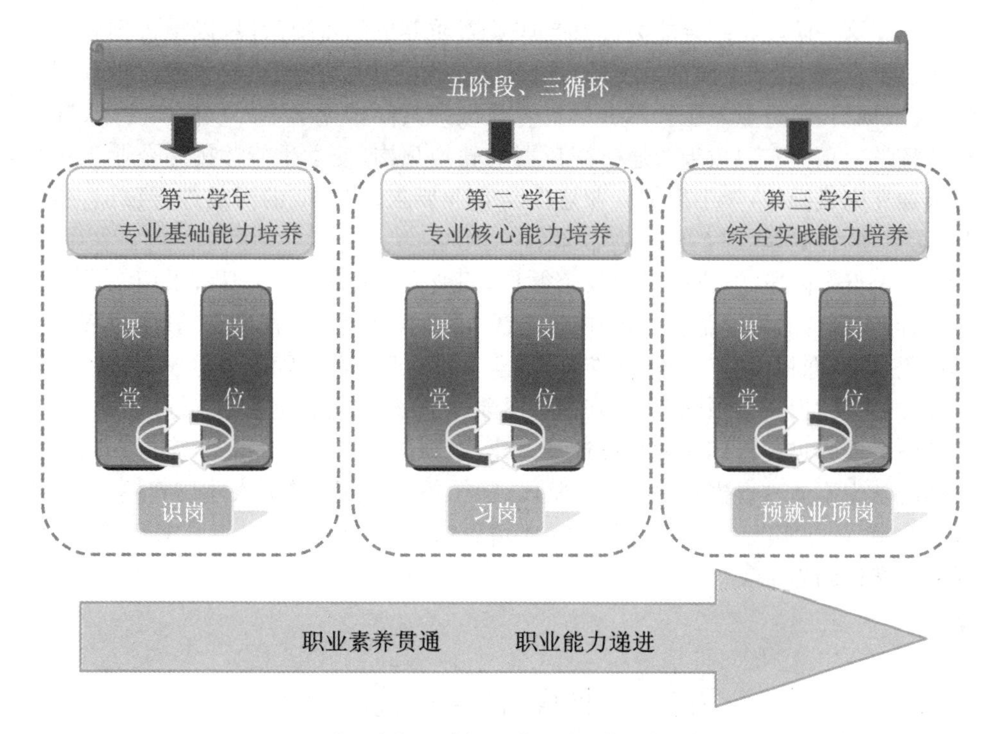

图 3.1　“五阶段、三循环、能力递进”人才培养模式

地区对一些企事业单位进行调研，并安排部分学生进入校合作企事业单位，协助计算机系统运营维护技术人员工作，初步体验将来所从事的工作岗位。

第四阶段：校外习岗或顶岗实习。第二学期暑假鼓励学生自愿选择到校外实习基地或自行选择实习单位进行习岗，专业能力强的学生可以直接顶岗参与完成实习单位的计算机应用技术专业岗位群的技术性工作。

第五阶段：技能专向培养。为培养“一专多能”的计算机应用技能型人才，在第三学年开展多技能培养方向。学生可根据自己的学习能力及兴趣爱好，选择相应的学习方向。因此，第三学年针对就业岗位对学生进行综合实践能力培养。第五学期由学生自行选择网站开发、网络管理、计算机及办公设备的维护维修、小型应用软件开发、平面设计、动画设计这六个综合项目中的一项进行强化训练，实训在校内实训室进行，由专兼职教师共同指导。综合项目实训是对专业基础课、专业技能课进行综合运用，学生在综合项目的完成过程中，培养学生职业综合素质和利用所学知识解决实际问题的能力。学生要能顺利完成综合实训任务，还需要补充知识，所以在该学期安排有针对性的专业拓展课程（如 SQL、Linux、C＃. NET、计算机网络安全、JAVA 等）以及网络管理工程师、软件开发工程师、计算机操作员、网络编辑员、网络课件设计师等考证课程，该类课程以学生自主学习为主、老师辅导点拨为辅的形式进行，有效提高学生的自学能力，同时实现学历证书与资格证书的对接。第六学期安排学生校外顶岗，同时根据岗位需求、结合岗位特点完成毕业设计任务。这一阶段是综合能力提升与职业素质养成的重要阶段，以学生预就业签约协议单位为主，学生以准员工的身份到企业顶岗实习，按校企合作制定的顶岗计划、实践项目，由企业兼职教师和学校专任教师共同指导学生的顶岗实习，共同评价考核学生顶岗实习效果。通过岗位群的轮换顶岗，使学生能够按照企业工作的要求独立完成操作，学生根据就业意向与企业要求，在对应的岗位进行顶岗，达到“一岗精”的目的，实现“零距离”就业。

以上五个阶段，共进行三次校企循环，职业素养教育贯穿全程，采用工作过程导向、课岗融合的教学组织形式，内容由浅入深，实训项目由简到难，教学过程与生产过程对接，课程内容与职业标准对接，学生的专业技能也随着各阶段的进行逐步提高，能力从“识岗”“顶岗”到“预就业”逐渐递进，最后达到企业用人标准。

整个培养过程将职业素养渗透到教学实施过程中，构建“知识、能力、素养”为一体的学生素质教育模式，采用“五阶段、三循环、能力递进”的人才培养模式，将创客实验室、社会实践、创新创业作为人才培养的重要内容，培养学生的职业道德、职业能力和创新思维。

五、就业面向与职业岗位

（一）就业面向

本专业的培养目标是具有办公应用、软硬件系统维护、网络、图形图像处理等专业技能，能够从事 IT 企业生产、管理与技术推广和服务的技术型应用人才。

本专业毕业生的职业范围主要涉及：

① 工程技术岗位：规划设计师、网络工程师、系统工程师和数据库工程师等。

② 运行维护岗位：数据库管理员、系统管理员、网络管理员、服务器管理员等。

③ 操作岗位：办公文员、多媒体作品制作、网站制作、图像处理等各类 IT 企业。

（二）职业岗位

在调研和分析区域行业（企业）需求的基础上，确定本专业毕业生可就业的职业岗位，如表 3.1 所示。

表 3.1　职业岗位简介

<table>
<tr><td>就业职业领域</td><td colspan="5">程序设计、网站建设与管理、办公自动化、信息系统运行与维护</td></tr>
<tr><td rowspan="7">职业岗位</td><td colspan="2">岗位等级
岗位类别</td><td>初始岗位</td><td>晋升岗位</td><td>晋升岗位
平均获得时间</td></tr>
<tr><td rowspan="3">主要职业岗位</td><td>1</td><td>程序员</td><td>软件评测师、软件设计师</td><td>3 年</td></tr>
<tr><td>2</td><td>多媒体应用制作员</td><td>多媒体应用设计师、平面设计师</td><td>2 年</td></tr>
<tr><td>3</td><td>信息系统运行管理员</td><td>信息技术
支持工程师</td><td>2 年</td></tr>
<tr><td rowspan="3">其他职业岗位</td><td>1</td><td>网络管理员</td><td>网络工程师</td><td>3 年</td></tr>
<tr><td>2</td><td>IT 产品营销员</td><td>IT 产品营销师</td><td>2 年</td></tr>
<tr><td>3</td><td>办公文员</td><td>办公室主管</td><td>3 年</td></tr>
</table>

（三）职业资格证书

本专业实施“双证书”教育，学生在获得学历证书的同时，需要获得计算机应用技术相关的职业资格证书。本专业学生可以获得职业资格证书和技能证书，如表 3.2、表 3.3 所示。

表 3.2　职业资格证书

序号	职业资格证书名称	考核发证部门	等级要求	考证学期
1	计算机系统操作工	安徽省人力资源和社会保障厅	高级	4
2	多媒体制作员	安徽省人力资源和社会保障厅	中级	5
3	IT 厂商认证证书	相应的 IT 厂商	中等级别	2～5

表 3.3　技能证书

序号	技能证书名称	考核发证部门	等级要求	考证学期
1	全国高校计算机等级考试	安徽省教育厅	二级	3
2	大学英语等级考试	安徽省教育厅	B 级	4

（四）工作任务与职业能力分析

按照学校提出的校企合作、工学结合教学模式，重构课程体系。专业课程体系，以职业能力与岗位（群）需求为导向，企业人员共同参与分析计算机应用专业岗位（群）工作任务，把行业、企业实际工作任务划分成一个个小任务，然后对各个任务按照职业能力进行归纳，最终确定计算机应用专业毕业生就业岗位的典型任务及其所要求的职业能力，具体如表 3.4 所示。

表 3.4　工作任务与职业能力分析

工作项目	工作任务	职业能力
1. 计算机组装与维护	1-1　安装电脑硬件和软件，软件升级 1-2　布线、组网 1-3　售后服务及维修	1-1-1　电脑基础知识扎实，能熟练安装电脑软硬件 1-1-2　熟练使用主流操作系统和常用软件的能力 1-2-1　精通综合布线技术和服务器安装及调试 1-3-1　善于沟通，具有良好的服务意识和团队精神 1-3-2　具备计算机硬件系统检测、维护与维修能力
2. 信息处理	2-1　操作信息系统管理软件 2-2　数据库维护及安全管理 2-3　数据库开发	2-1-1　信息管理系统软件的初始化、维护和更新 2-1-2　掌握信息管理系统的应用 2-2-1　管理数据库，根据实际需要能安装、配置和管理 SQL Server 2-3-1　根据项目要求，能够做需求分析 2-3-2　能够设计、实现小型数据库
3. 网站建设与维护	3-1　网页设计与制作 3-2　网站管理与维护 3-3　网站推广	3-1-1　熟练掌握图像处理软件、多媒体制作软件、Dreamweaver 网页设计软件 3-1-2　培养美术鉴赏能力 3-2-1　能够安装、配置 WEB 服务器 3-2-2　能够安装、配置 FTP 服务器 3-2-3　能够管理、测试和维护网站 3-3-1　掌握网络推广技术及技巧
4. WEB 开发	4-1　网络软件开发	4-1-1　能够使用 C# 或 VB 编程 4-1-2　能够配置基于网络的数据库 4-1-3　能够使用 ASP. NET 开发网站

续表

工作项目	工作任务	职业能力
5. 多媒体应用	5-1　制作电子贺卡 5-2　制作 MV 5-3　制作广告宣传页 5-4　设计网站 Logo、Banner 等 5-5　制作课件	5-1-1　能够使用绘图、变形工具，柔化填充边缘，绘制背景图形；使用动作面板设置脚本语言；编辑文字 5-2-1　能够制作 Flash MTV 5-3-1　综合文字、图片等诸多要素，制作广告 5-4-1　能够设计和制作网站的 Logo、Banner 5-5-1　能够根据课程需要，设计并制作出图文音像并茂的多媒体课件
6. 计算机平面图像处理	6-1　制作背景图 6-2　人物美化 6-3　设计包装盒 6-4　设计海报	6-1-1　能够使用选区工具、污点工具、模糊滤镜等工具制作背景图 6-2-1　能够结合实际需要，对人物去皱、去斑，美化皮肤 6-3-1　能够结合实际，设计、制作产品外包装 6-4-1　能够结合实际，具备设计产品广告的能力
7. 办公自动化应用	7-1　应用文件撰写与编辑 7-2　Internet 应用 7-3　办公设备维护	7-1-1　能够熟练运用办公软件 7-2-1　熟练使用互联网 7-2-2　熟练使用各种工具软件 7-3-1　能够使用、维护办公设备
8. 应用系统开发	8-1　可视化程序开发	8-1-1　能够运用软件工程方法 8-1-2　能够结合实际，设计算法 8-1-3　能够使用 JAVA 编程实现算法

六、人才培养规格

（一）德育素质

德育素质需具有正确的政治方向，拥护中国共产党的领导；具有一定的法制观念；具有健康的思想行为；具有较强的社会适应能力；具有较强的事业心和责任心；具有健康的体魄；具有一定的审美能力，心理健全。

（二）专业核心能力

专业核心能力主要表现在具有较强的团队合作意识，掌握适度的基础理论知识并具有延展能力；具有较强的动手实践能力。具体表现为具有以下知识、能力与素质：

1. 知识目标

掌握计算机基础操作技能，能熟练运用办公软件完成日常办公需求；能运用网页设计软件、图像处理软件设计制作图像、网站等，掌握互联网相关技术，并能解决实际工作过程中遇到的相关问题。具体表现如下：

① 了解劳动法、合同法等基本法律、法规知识。

② 掌握本专业所必需的计算机英语、数学及文化基础知识。

③ 掌握必要的社交礼仪、社会科学知识。

④ 掌握计算机应用技术专业理论基本知识。

⑤ 掌握计算机应用的基本知识，包括文字录入与编辑、数据基本处理、电子表格、演示文稿制作等知识。

⑥ 掌握计算机网络技术的基础知识，包括计算机硬件的维护、计算机网络基本技术、组网与网络综合布线、服务器版操作系统的安装与配置、信息安全技术等知识。

⑦ 掌握程序设计、数据库及网页设计的基本知识。

⑧ 掌握软件设计及开发的知识。

⑨ 了解企业管理基础知识。

2. 能力目标

(1) 专业能力

计算机应用技术专业注重学生基础职业能力的培养，学生在学习中可根据自己的学习能力和学习兴趣，选择不同的选修课程，因此，该专业对应的专业能力为：

① 工程技术岗位能力：掌握计算机编程语言，能进行计算机小型程序的编写、调试等操作；

② 运行维护岗位能力：掌握网络基础知识、数据库系统等相关专业知识，能够对网站、数据库进行维护与管理工作；

③ 操作岗位能力：办公文员、网页制作员、平面设计员、多媒体制作员等。

(2) 综合能力

① 掌握基本的就业、创业知识，有一定的择业、创业能力；

② 具有较好的职业生涯规划能力；

③ 具有较强的独立学习、知识迁移和继续学习能力；

④ 具有可持续发展能力；

⑤ 具有分析问题、解决问题的能力；

⑥ 具备一定的决策能力；

⑦ 掌握基本的礼仪规范，具备较好的人际沟通和交往能力；

⑧ 具有良好的职业道德和敬业精神；

⑨ 具有良好的规范意识、合作意识和工作责任心；

⑩ 具有通过自学而不断扩展、更新专业知识的能力和团队协作、沟通和筹划的能力。

（三）素质目标

1. 基本素质

有正确的政治方向，热爱社会主义祖国，拥护党的基本路线，掌握中国特色社会主义理论体系的基本原理，具有爱国主义、集体主义、社会主义思想和良好的思想品德，能自觉践行社会主义核心价值观。具有正确的世界观、人生观和价值观；具备诚实守信、爱岗敬业的职业道德素质；具有健康的身体和心理素质。

2. 职业素养

职业道德：遵守相关法律、法规和规定，具有高度责任心，爱岗敬业、正直无私、廉洁自律、勤俭节约、爱护公物、坚持原则。具有较强的安全、环保意识。

职业行为：能严格贯彻执行相关标准、工作程序与规范、工艺文件和安全操作规程。学习新知识、新技能，勇于实践、开拓和创新。正确对待择业、就业与创业。尊敬师长、团结互助、吃苦耐劳、热爱集体、着装整洁、文明生产。

（四）毕业生可以胜任的技术岗位

① IT 企业、政府机关、企事业单位等从事管理系统开发、信息开发管理等工作。

② 从事静态、动态网站设计、网站维护、图像设计等工作。

③ 联网安装与维护、数据库系统维护、计算机软硬件销售与服务等工作。

为了使学生在就业时能较好地适应岗位，依据高职高专的培养目标，阜阳职业技术学院工程科技学院除了要求学生毕业时必须拥有“双证书”（毕业证、职业资格证）外，还鼓励学生参加各类计算机类考试，考取多个计算机证书。如：

证书 1：全国计算机等级考试二级证书。

证书 2：Adobe 认证资格证书——Photoshop。

证书 3：Adobe 认证资格证书——Dreamweaver。

证书 4：网页设计师。

证书 5：多媒体制作员（中级）。

七、课程体系构建

（一）课程体系建设目标

按照社会人才需求、职业岗位能力的要求，重新构建本专业课程体系及教学计划。坚持“以人为本”“以学生为主体，教师为主导”，坚持“理论、实践一体化”，改进教学方法和教学手段，促进学生的德、智、体、美和专业技能全面提高，培养符合地区经济的应用型技能人才。

（二）高职技能型人才培养课程体系构建原则

高等职业教育在培养技能型人才的课程体系构建时，应遵循以下原则：

1. 以需求为导向

课程设计应以社会需求为导向，及时把握行（企）业人才需求特点，做到不定期开展跟踪毕业生回访工作，开展行（企）业合作，聘请员工开展实践项目教学，实时动态掌握用人单位的人才需求和就业岗位设置，真正做到学校培养人才与职业岗位的无缝对接。

2. 以职业技能为中心，培养学生可持续发展能力

课程设置时，教材选取和教学内容应以培养一线人才的岗位技能为中心，加以适度的理论基础知识，实现人才培养的实效性和可持续发展性。

3. 重视实践教学，增强学生动手操作能力

教学方式采取理论实践相结合，改变以往的重理论轻实践做法，课程以进阶的方式进行，加大实践项目的情境式教学模式，实施以就业为目的的人才培养的工作过程化教学。

4. 合理科学的培养方式，提高人才质量

不断创新人才培养模式，优化课程体系，教学目的从重知识向重实践迁移，培养方式从传统封闭型逐渐转向产学结合的工作过程模式。

（三）课程体系的构成

按照社会对计算机应用专业人才需求标准，进一步与阜阳市的企业、学校建立更加广泛的联系，争取政府的支持，开放办学，走校企合作、校地合作、校际合作的办学之路。以职业能力培养为主线，依据“平台＋模块”的课程体系建设思路，融合国家职业标准，结合职业技能比赛要求，构建“平台＋模块”的课程体系优化以能力为本位的“323”课程体系。该课程体系“突出三种能力，基于两个平台，面向三类岗位”，所以就命名为“323”课程体系。

1. 突出三种能力

三种能力是指职业核心能力、可持续发展能力和就业与创业能力。课程体系设计遵循“突出职业核心能力的培养，突出可持续发展，突出就业与创业能力的培养”的“三突出”原则。

2. 基于两个平台

两个平台是指公共基础平台和专业平台。

公共基础平台是指思想道德修养与法律基础、毛泽东思想和中国特色社会主义理论体系概论、形势与政策、计算机数学、大学英语、体育和程序设计基础等课程，旨在培养学生的英语能力，办公软件应用能力，良好的身体素质，正确的人生观、价值观，逻辑思维能力等基本能力。

专业平台是指面向对象程序设计、网络数据库、Photoshop 图像处理、HTML 网页制作技术、汉字速录、计算机英语、计算机组装与维修、JavaScript 脚本语言、应用文写作、IT 就业与创业指导、毕业与就业信息处理技术等课程，旨在培养学生的专业英语能力、文献检索能力、基础编程能力、数据库管理能力、网页设计能力、自我学习能力等职业能力。

3. 面向三类岗位

三类专业岗位是指计算机应用技术专业学生就业可从事的主要工作岗位为工程技术岗位、运行维护岗位、计算机相关操作岗位等。三类专业岗位分别对应不同的专业方向模块和专业拓展模块。

（四）课程体系框架图

该课程体系主要包括公共基础课程模块、职业能力模块、专业方向模块和专业能力拓展模块，如图 3.2 所示。

1. 公共基础课程

该类课程的开设，要求学生具备良好的思想道德素质，掌握与本专业领域相适应的文化水平与文化素质，并具有良好的职业道德。

2. 职业能力模块

以培养学生职业能力为原则，开发相应的专业基础课程，培养学生的职业技术基础能力，注重学生可持续能力的培养。

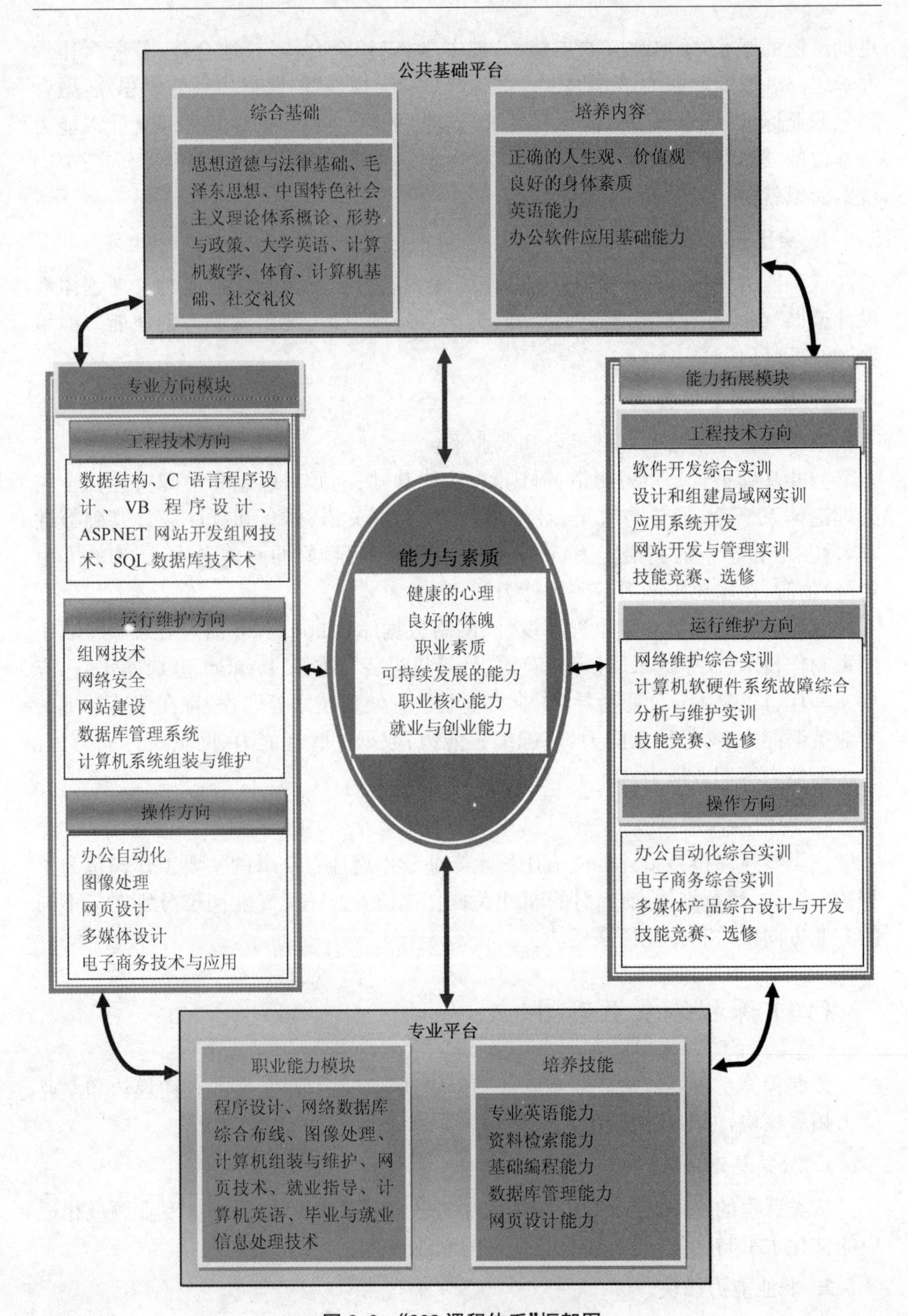

图 3.2 “323 课程体系”框架图

3. 专业方向模块

以“专业与产业，职业岗位对接”为原则，开设工程技术方向、计算机系统运行维护方向和计算机软件操作方向的专业课程选修，对学生进行分层分组实施教学，培养学生“一专多能”的职业能力。

4. 专业能力拓展模块

主要通过实训、行(企)业实习，完成专业与职业岗位的零距离对接，进一步强化、拓展职业能力。

八、职业能力课程设置

(一) 以能力为核心设置课程

以能力为核心的课程体系设置的典型特征是突出能力本位。在制定专业教学计划时，可以直接按职业能力要求来定义课程名称，打破传统的按教材或教学知识领域来定义课程。这样将使教学计划更具有指导性、针对性，课程定位更加明确，教师将更容易、更直接地了解每门课程的能力培养目标和教学要求。

课程体系中突显职业核心能力，按其岗位能力划分，将课程分为三大类模块。

① 综合素质模块：主要包括大学生思想道德修养、毛泽东思想、大学生社交礼仪、体育等传统文化课程。

② 专业基础模块：该模块主要培养学生计算机基本操作技能以及一些进一步深入学习计算机技能的基础课程。如计算机文化基础、计算机软硬件系统的维护与安装、办公自动化、网络安全等课程。

③ 专业核心模块：该模块在专业基础模块基础上，学生可根据自己的学习兴趣和特长，选修工程技术、计算机操作设计、运行维护等方向的专业课程。

(二) 专业课程设置依据

1. 工作分析

工作分析包括工作任务分析和行动领域归纳。把具有职业岗位特征的一些典型工作任务称为“行动领域”或“工作领域”。实质上，典型工作任务分析就是根据专业所对应的工作岗位群实施典型工作任务的分解、解析，然后把小任务进行总结归纳的过程，目的是全面系统地掌握岗位群涉及的具体工作内容，以及完成这些工作任务所必需的职业能力。

① 工作项目:行动(工作)领域中的工作项目,是指与职业岗位相对应且具有关联性的工作任务组成的工作领域,学习领域中的工作项目,是指对行动(工作)领域中的工作任务进行筛选、归类、序化后所形成的一个个的学习领域课程,即项目课程的概念。

② 工作任务:对应职业岗位的行动(工作)领域中的工作任务,这些任务又可以拆分成若干小任务,即把职业岗位能力进一步细化分解成易于实施的小步子的职业能力;学习领域中的工作任务,是把行动(工作)领域中的工作任务转化成项目课程后的任务模块(典型工作任务)。一门项目课程可对应多个工作任务,但一个工作任务不能分散在各个项目课程中,否则需要再次对课程进行重构。

③ 工作过程:是指为完成一项工作任务而进行的一个完整的工作程序。

典型任务的分析需要聘请行业企业专家、技术员工共同分析企业一线具体的工作,并根据工作项目拆分若干个子项目、子任务。典型工作任务分析和行动(工作)领域的归纳是我院计算机应用技术专业课程开发中的一项关键性工作,其结果直接影响到后续工作过程系统化学习领域课程开发工作、实训室的划分和功能确定等。

2. 课程设置

“行动领域”到“学习领域”的课程开发过程如图 3.3 所示。

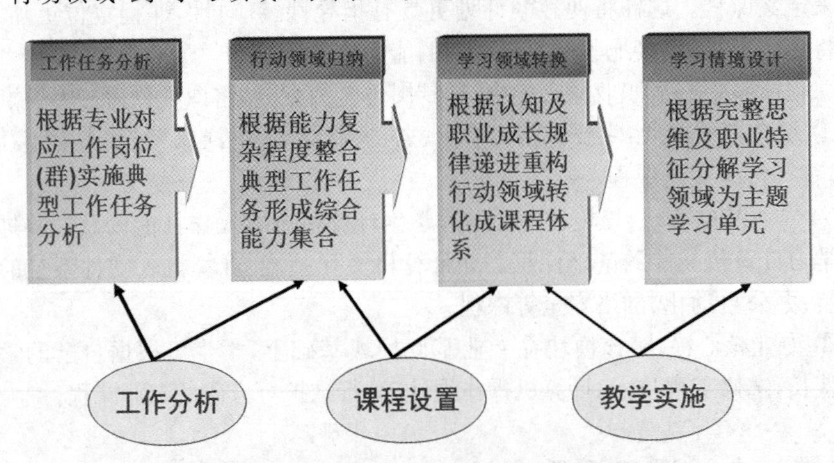

图 3.3 “行动领域”到“学习领域”的课程开发过程

行动领域就是指实际企业工作中典型工作任务的总和,它是企业工作人员在社会生产工作等职业岗位(群)中规范化、系统化、有序化的职业活动的集合,它在一定程度上反映了从业者应该具备的职业资格能力、职业迁移能力、团队协作能力和学习创新能力以及职业精神与职业道德修养等素质。

基于“行动领域”的职业能力的含义,德国人认为:职业能力是才能、方法、知识、观点、价值观等综合职业能力的体现，因此其职业教育更加强调专业学习和综合能力发展的过程性、关联性和情境性，关注促进人的职业生涯发展的多项要素。在德国职业教育教学中，从“行动领域”到“学习领域”再到“学习情境”，构成一套完整的职业能力培养体系。

“学习领域”是根据“行动（工作）领域”中涉及的相关典型工作任务，结合学校教学资源、教学计划、学生基础、师资等实际情况，在与岗位职业能力对接的基础上，精选出能够涵盖一个完整的工作过程，并把工作过程进一步细化、整合，使之能促使学生通过教学任务的分解、实战的操练过渡到职业能力的有效转化。在教学、实训教学中，各个“学习领域”要围绕“行动领域”中的“典型工作任务”要求，形成由易到难、由简到繁的有序和统一的整体，注重培养学生分析、解决问题的综合职业能力。实际上“学习领域”即为根据工作任务及职业能力分析，把行动领域的工作任务转化为课程体系。通过对一个或一系列“学习领域”的学习，学生在完成某一职业领域的一个或多个典型的综合性任务后，将会具备对应该职业领域的职业能力和职业资格，如表 3.5 所示。

“学习情境”是对“行动领域”和“学习领域”的大纲进行具体的教学组织序化的过程，换句话说就是把学习领域（课程体系）进一步细化——划分成具体的一个个学习单元。通过“学习情境”系统、有序的教学组织，完成对多个知识点的系统化、完整性地学习。基于工作过程的课程开发模式，其实质是通过对职业岗位的工作项目、工作任务和工作过程的分解、筛选、归纳和排序，结合相应的职业资格标准，完成课程体系的构建，确定每门课程的教学单元，从而完成高职课程体系的解构与重构。

表 3.5　工作任务与职业能力分析

职业行动领域	主要工作任务	职业行动领域描述	
		知识要求	技能要求
软硬件维护	1. 计算机系统配置 2. 计算机硬件组装 3. 计算机常见故障检测及维护 4. 计算机应用系统软件、业务软件和办公自动化软件的使用	1. 掌握最新计算机的各硬件组成部件及计算机组装 2. 掌握计算机常见故障检测及维护 3. 掌握计算机应用系统软件、业务软件和办公自动化软件的使用	1. 计算机组装及常见故障检测及维护 2. 常见软件的使用

续表

职业行动领域	主要工作任务	职业行动领域描述	
		知识要求	技能要求
平面设计	1. 平面图形图像设计 2. 影楼作品设计 3. 平面动画设计	1. 精通 Photoshop 软件设计平面图形图像 2. 掌握平面设计原理 3. 精通 Flash 软件设计平面动画	1. 掌握平面图形图像处理及设计软件的使用技术及应用 2. 掌握平面动画处理及设计软件的使用技术及应用 3. 掌握平面设计原理
网站设计与制作	1. 静态网页的设计和制作 2. 网页的特效处理，网页的创意设计及风格设计 3. 动态网页设计及制作	1. 精通 Dreamweaver 软件设计和开发动态网页，熟悉 HTML/JavaScript 等并能熟练手工编辑修改 HTML 源代码 2. 熟悉 ASP 设计动态网站 3. 熟悉网站建设的流程和网页设计制作流程	1. 熟悉网站建设的流程和网页设计制作流程 2. 掌握网站色彩搭配及风格处理
网络配置与管理	1. 网络基本配置 2. 网络安全配置 3. 网络综合布线	1. 熟悉交换机、路由器的配置 2. 熟悉防火墙的配置 3. 会建网、组网、用网	1. 能够根据工程的要求进行网络配置 2. 能够自行设计健壮的网络环境
数据库使用及维护	1. 常用数据库的使用 2. 数据的维护和数据库管理	1. 掌握数据库软件的用法，能够开发设计小型的数据库网络 2. 掌握 SQL 数据库的使用及维护	1. 掌握数据库的使用和维护 2. 掌握数据维护及数据库管理
职业态度要求		工作守时，关心同事，乐于助人，工作细致，有团队合作精神，有责任心	

（三）体现职业能力的核心课程设置

对计算机应用技术的职业岗位设置、岗位能力及要求进行分析，根据工作过程中的典型工作任务导出“行动领域”，再经过教学整合形成“学习领域”，并通过具体的“学习情景”来进行教学实施。这就形成计算机应用技术专业课程体系开发的基本思路。

行动领域向学习领域的转化一般包括三个步骤：行动领域分析，核心能力归纳，学习领域转换。

1. 行动领域分析

如计算机应用技术专业，经过专业人才需求调研分析，在行动领域确定了计算机软硬件系统维护、平面设计、网站设计与制作、网络配置与管理以及数据库使用与维护等 5 个工作项目，5 个工作项目包含 15 项工作任务，在对这 15 项工作任务进行分析后可以得出该专业学生应具备的职业能力，如办公自动化数据处理、数据库系统使用与维护、网站设计与平面设计、网络服务器安装配置能力、网站后台管理能力等多个职业技能。

2. 核心能力归纳

核心能力归纳即确定职业技能。如计算机应用技术专业在经过上述领域分析后，确定了电子表格处理能力、电子稿件排版打印能力、网络服务器安装配置能力、网站后台管理能力平面设计等 15 项核心能力，由此对这些核心能力做进一步归纳设计，确定相应的专业课程。

3. 学习领域转换

学习领域的转换即是在分析典型工作任务和形成支撑核心课程基础上，最终确定专业项目课程体系。如计算机应用技术专业在上述核心能力分析基础上，最后确定了 10 个学习领域，并且嵌入计算机高级操作工、Adobe 网页设计师厂商证书考核、多媒体制作员等资格证书考核，最终实现从行动领域向学习领域转换，完成专业课程体系的构建。首先，根据职业岗位群进行相应模块的行动领域（行动领域即是按典型工作过程能力要求进行归纳总结，体现的是现实的工作岗位能力目标）分析，即具体工作过程的分析；再次，根据行动领域确定相应模块的学习领域（学习领域即专业课程体系）；最后，创建具体的学习情境——教学项目。在构建课程体系时，计算机应用专业注重工学结合、“双证”课程的融合。工作任务分析，确定学生应具备的职业能力，根据职业核心能力的归纳最终完成专业课程的设置，具体专业课程与项目设计一览表如表 3.6 所示。

表 3.6 专业课程与项目设计一览表

课程名称	工作任务	职业能力	课程目标及主要教学内容	主要教学情境设计	技能考核项目与要求	学时
1. C语言程序设计	4-1 7-1	4-1-1 7-1-2	掌握C语言的基本特点和用法,利用C语言编程解决实际问题的基本方法,同时进一步树立结构化程序设计思想,为后续课程的教学奠定扎实的基础	1. 程序设计基本概念 2. C程序设计初步知识 3. C语言三种程序结构 4. 函数指针	1. 掌握算法与常用子程序的编程实现 2. 掌握选择、循环、函数、数组、指针和文件的用法	80
2. 计算机网络技术	1-2	1-2-1	通过学习使学生了解计算机网络专业术语、概念及新技术,掌握典型计算机网络结构及实现技术	1. 网络通信平台组建 2. 网络地址规划 3. 网络使用与管理	1. 能分析网络数据传递流程 2. 能独立设计网络地址规划和简单网络设计方案	64
3. 数据库基础	2-1 2-2 2-3	2-1-1 2-1-2 2-2-1 2-3-1 2-3-2	包括基本的Access开发技巧,应用系统设计开发的基本思想和方法,包括数据库的创建、数据表的创建、简单窗体的制作、软件版权页的制作以及数据库系统的开发等	1. Access数据库应用技术概述 2. 创建和管理Access 2003数据库 3. 创建和管理Access 2003数据库表 4. 数据查询设计窗体 5. 创建报表、创建数据访问页、创建宏模块和VBA编程基础	1. 数据库设计、创建和管理 2. 对数据库查询、索引操作 3. 窗体设计和创建报表	64

续表

课程名称	工作任务	职业能力	课程目标及主要教学内容	主要教学情境设计	技能考核项目与要求	学时
4. 计算机组装与维护	1-1 1-3	1-1-1 1-1-2 1-3-1 1-3-2	掌握计算机各种硬件设备知识；熟练地进行计算机的硬件组装维护与系统安装维护	1. 计算机认识 2. 计算机组装 3. 计算机维护	1. 能独立完成硬件安装与拆卸 2. 能独立完成软件安装与维护	60
5. VB 程序设计	7-1	7-1-1 7-1-3	通过本课程的学习，使学生掌握可视化程序设计方法和 VB. NET 程序设计的编程技巧，具备用 VB 语言进行应用系统开发的初步能力	1. VB 游戏小程序 2. 游戏程序界面 3. 班级学生管理系统	1. Windows 系统开发环境构建 2. 数据库信息访问 3. 可视化系统开发方法	96
6. 网页设计及制作	3-1 3-2 3-3	3-1-1 3-1-2 3-2-1 3-2-2 3-2-3 3-3-1	培养学生使用 Dreamweave 制作网页的能力、设计网站的综合能力、策划能力、色彩感悟力、结构布局能力和想象力	1. 班级网站认识 2. 设计本班网站结构 3. 实现本班网站	1. 能够制作设计合理，图文并茂的网页 2. 能独立设计建立一个功能较完善的静态网站	96
7. 计算机图像处理	3-1 5-4	3-1-1 5-4-1	掌握 Photoshop 基本工具运用；独立进行效果图后期处理	1. 认识包装盒子 2. 个人照片处理 3. 风景人物处理	能熟练使用图形图像工具软件处理图片使其具有商业价值	80
8. ASP. NET 技术基础	4-1	4-1-3	掌握 ASP. NET 语法、基本概念和基本知识；掌握 ASP. NET 结构和功能；能使用 ASP. NET 开发网络软件	1. 聊天室认识 2. 聊天室设计 3. 聊天室实现 4. 班级学习交流平台建立	1. WEB 开发环境构建 2. 数据库信息访问 3. WEB系统开发流程和规范	64

续表

课程名称	工作任务	职业能力	课程目标及主要教学内容	主要教学情境设计	技能考核项目与要求	学时
9. 多媒体制作	5-1 5-2 5-3 5-4 5-5	5-1-1 5-2-1 5-3-1 5-4-1 5-5-1	主要学习视频和音频获取技术、多媒体数据压缩编码技术、多媒体计算机硬件和软件系统结构、多媒体数据库与基于内容检索、多媒体著作工具与同步方法以及多媒体通讯和分布式多媒体系统	1. 上届班级宣传片赏析 2. 宣传我们班级 3. 制作我们班级宣传片	1. 设计网站 Logo、Banner 等 2. 制作多媒体课件 3. 制作广告宣传页	64
10. 网络综合布线	1-2	1-2-1	掌握网络互联概念、网络设备的安装与配置、交换技术、路由技术、网络安全技术	1. 工作室布线 2. 楼层布线 3. 建筑物布线 4. 小区设计和布线	1. 能设计和组建一个 SOHO 网络平台 2. 能在该平台上实施网络资源使用 3. 能排除简单的网络故障	80
11. 信息安全	3-2 2-2	3-2-3 2-2-1	掌握网络安全与管理理论、技术及应用方面的知识；病毒及防治措施、系统攻击入侵检测、防火墙技术、网络操作系统安全性等	1. 一个黑客的攻击 2. 个人网络使用安全设置 3. 企业网安全设置	1. 能够独立设计单机系统的信息安全与使用方案 2. 能够独立设计和实现中小型网络安全方案	64
12. 数据库系统应用与管理	2-1 2-2 2-3	2-1-1 2-1-2 2-2-1 2-3-1 2-3-2	掌握 SQL Server 2000 的基本操作；运用 SQL 语言进行程序设计	1. 如何处理大数据 2. 用 SQL 处理数据的优点 3. 请 SQL 帮忙处理大数据	1. 数据库软件安装 2. 建立数据库、表、视图及数据分离； 3. 运用 SQL 语言编程	120

九、教学学时分配及进程

（一）教学环节周次分配表

教学环节周次分配表如表 3.7 所示。

表 3.7　教学环节周次分配表

（单位:周次）

学期＼内容	教学	毕业实践	军事安全教育（除集中军训外）	课程考核	机动	总计
一	15	0	1	1	0	17
二	18	0	0	1	1	20
三	18	0	0	1	1	20
四	18	0	0	1	1	20
五	12	6	0	1	1	20
六	0	17	0	0	1	18
总计	81	23	1	5	5	115

（二）教学进程表

教学进程表如表 3.8 所示。

表 3.8　教学进程表

培养模块	课程代码	课程名称	计划学时			考核方式	学期分配周课时数						备注
			共计	理论教学	实践教学		一	二	三	四	五	六	
							15周	18周	18周	18周	18周(后6周实习)	17周(实习)	
基本素养模块	A031101	思想道德修养与法律基础	60	30	30 *	考查	2+2 *						
	A031102	毛泽东思想和中国特色社会主义理论体系概论	72	36	36 *	考查		2+2 *					
	A031103	军事理论/安全教育	30	10	20	考查	2 *						集中安排
	A031104	形势与政策	20	10	10	考查	*	*	*	*	*		专题讲座
	A031106	大学英语(1)	60	40	20	考试	4						
	A031107	大学英语(2)	72	48	24	考试		4					
	A031108	体育与健康(1)	30	5	25	考查	2						
	A031109	体育与健康(2)	36	6	30	考查		2					
	A031110	职业生涯与发展规划	15	12	3	考查	1 *						专题讲座
	A031111	大学生就业指导	22	16	6	考查					2 *		专题讲座
	A031119	大学生心理健康教育	36	24	12	考查			2 *				专题讲座
职业基础技术模块	C032106	高等数学	64	64	0	考试		4					
	A031105	计算机应用基础	90	45	45	考试	6						
	C032104	计算机英语	36	30	6	考试			2				
	C032105	计算机组装与维护	60	15	45	考试	4						
	C032103	数据库基础	64	32	32	考试		4					
	C132102	计算机网络技术	64	44	20	考试		4					
职业核心技术模块	C033102	C 语言程序设计	80	40	40	考试		5					
	C133111	VB 程序设计	96	48	48	考试			6				
	C133102	网页设计与制作	90	45	45	考试	6						
	C133103	计算机图像处理	80	40	40	考试			5				
	C133104	ASP. NET 技术基础	64	32	32	考试			4				
	C133105	网络综合布线	80	40	40	考试			5				
	C133114	数据结构与软件工程	64	32	32	考试				4			
	C133107	信息安全	64	32	32	考试				4			
	C133110	JAVA 程序设计	96	48	48	考试				6			

续表

培养模块	课程代码	课程名称	计划学时			考核方式	学期分配周课时数						备注
			共计	理论教学	实践教学		一	二	三	四	五	六	
							15 周	18 周	18 周	18 周	18 周（后 6 周实习）	17 周（实习）	
职业考证模块	C134101	办公自动化	64	24	40	考查				4			计算机系统操作工
	C134102	多媒体制作	64	32	32	考试				4			多媒体制作员
职业拓展模块			304	92	212	考查			2	2	20		
实践模块	A036117	毕业实习	456	0	456	考查					6 周	13 周	
		实习实训	180	0	180	考查							
	A036118	毕业综合实践报告	96	0	96	考查						4 周	
总　计			2 643	972	1 671		24	25	24	24	20		

（三）职业拓展模块课程设置

职业拓展模块课程设置如表 3.9 所示。

表 3.9　职业拓展模块课程设置

拓展模块	课程代码	课程名称	计划学时			考核方式	学期分配周课时数				备注
			共计	理论教学	实践教学		二	三	四	五	
							18 周	18 周	18 周	12 周	
模块一	C135205	多媒体技术开发项目	120	30	90	项目化过程考核				10	四选二
模块二	C235202	软件开发	120	30	90	项目化过程考核				10	
模块三	C135203	网站开发与管理	120	30	90	项目化过程考核				10	
模块四	C135204	数据库系统应用与管理	120	30	90	项目化过程考核				10	
模块五	A031112	大学语文	32	16	16	考查			2		二选一
	C035205	应用写作	32	16	16	考查			2		
模块六	A031215	社交礼仪	32	32	0	考查		2			二选一
	B435203	体育舞蹈	32	4	28	考查		2			

（四）独立实践教学环节安排表

独立实践教学环节安排表如表 3.10 所示。

表 3.10　独立实践教学环节安排表

序号	课程代码	实践教学项目	学期	周数	周次	主要教学形式	内容和要求	地点	考核方式	学时数
1	C233112	设计和组建局域网	2	1	3	实训	基本技能训练能结合实际工程需要,合理规划网络建设、制定网络建设方案,并能正确进行网络综合布线系统、系统集成和与 Internet 联网	校内实训中心	考查	30
2	C133112	机器人综合实训(1)	2	1	17	实训	专业综合技能实训掌握基本的机器人控制,会编写一些简单窗体程序	校内实训中心	考查	30
3	C136102	网站管理实训	3	1	17	实训	专业技能训练掌握网站建设的基本流程,完成实训项目	校内实训中心	考查	30
4	C133113	机器人综合实训(2)	4	1	16	实训	专业综合技能实训掌握在现有框架下能实现简单的机器人自主行为	校内实训中心	考查	30
5	C136108	JAVA 系统开发应用	4	1	16	实训	专业综合技能实训掌握项目程序功能实现的设计思路,并能代码设计实现的方法		考查	30
6	C136103	应用系统开发	3	1	17	实训	专业技能训练要求:掌握数据库应用系统的开发与原则	校内实训中心	考查	30

续表

序号	课程代码	实践教学项目	学期	周数	周次	主要教学形式	内容和要求	地点	考核方式	学时数
7	A036117	毕业实习	5、6	19	12～17 1～13	实习	完成毕业实习规定的各项内容	合作企业实训基地	按毕业实习实施细则的规定考核	456
8	A036118	毕业综合实践报告	6	4	12～15	指导	完成毕业综合实践报告的写作和答辩	合作企业实训基地	按毕业综合实践报告、毕业设计(论文)管理规定(试行)考核	96

（五）教学学时比例表

教学学时比例表如表 3.11 所示。

表 3.11　教学学时比例表

模块 分配	基本素养模块	职业基础技术模块	职业核心技术模块	职业考证模块	职业拓展模块	实践模块	总学时
数量(学时)	387	378	714	128	304	732	2 643
比例(%)	14.65	14.30	27.01	4.84	11.50	27.70	100

十、教学建议

（一）教学方法、手段与教学组织形式建议

1. 教学方法

在教学方法上，根据课程内容和学生特点，灵活运用分层分组层次教学法、项目导向教学法、任务驱动教学法、互动式教学法、对照式教学法、情境式教学法等，结合案例分析、分组讨论、角色扮演、启发引导等，引导学生积极思考、乐于实践，提高教学效果。

分层分组层次教学法：分层分组的目的是找到不同学生的切入点，提高差生的学习兴趣、培养优等生的自学能力。团队成员在上课期间注意观察学生的听课、实践情况，及时了解学生的学习状态。根据学生的上课反应情况、实践作业的完成情况，把学生进行分组。同一组学生按一定的比例包括优、中、差，同一组的学生坐在一起，便于讨论、合作。这种分层分组由于每组中只有5～6人，且学习自觉性较差的学生在每组中最多只有2人，当同一组的其他学生积极完成实践案例、热火朝天的讨论教学内容时，这类学生将受周围环境的影响而自觉地参与到学习任务中。小组中由于学习层次的不同，学习能力较强的学生在完成实践案例后，可以充当“小老师”，帮助小组中或小组间的成员，在帮助别人的同时提高自己。这种小组间的互帮互助不仅可以激发学生的学习积极性，还加强了团队协作的意识。

“六步”教学法：即教师通过“任务导入——任务分析——示范引导——模仿试做——纠错重做——总结提高”六步教学法，提升学生分析问题、解决问题的能力。在实际教学工作中，第一步，教师通过真实的应用场景展示要实现的功能，告知学生明确教学目标；第二步，教师讲解任务的难点重点，所用理论知识以及解决方案；第三步，教师进行案例分析、进行设计、编程示范，展示良好的案例设计规范意识和职业态度；第四步，学生以开发小组形式训练基本技能，培养团队合作精神；第五步，通过教师评价或学生互评，及时纠正个别错误，集体讲评一般易犯错误；第六步，师生共同研讨任务及解决办法，实现学生知识和技能的提升。

项目导向教学法：该教学方法突出能力本位教学目标，引进企业真实案例作为实训教学案例，将项目中的技能模块进行分拆和重构，以符合教学和实训进程。学生随着学习的深入，逐步完成项目中的各个子项目，最后掌握整个课程的主要知识和技能。

任务驱动教学法：该教学方法的出发点是师生互动；切入点是边学边做；落脚

点是调动学生学习的积极性、创造性，尤为强调个性的发挥。在此基础上，教师也以任务方式引导学生边学边练（做），并独立或协作完成相应的学习任务，实现“学中做”“做中学”，以达到学生真正掌握知识与技能之目的。

互动式教学法：该教学方法通过营造多边互动的教学环境，在教学双方平等交流探讨的过程中，达到不同观点碰撞交融，进而激发教学双方的主动性和探索性，达到提高教学效果的一种教学方式。互动式教学法让学生参与教学，同时提高学生学习的主动性和积极性，激发学生的学习热情，充分吸收和掌握教师传授的教学内容。互动式教学法的具体应用模式包括问题式互动教学法、案例式互动教学法、多维思辨式互动教学法。

对照式教学法：该教学方法就是通过重新整合，把教学内容中原本孤立、零散的知识点相关联，形成完整的知识体系，以便学生集中掌握，快速建立知识模块，提高学习效率。对照式教学法能够很好地解决学生学习难、复习难的问题，使其轻松掌握复杂业务的处理，不仅加深了学生对所学内容的理解和记忆，而且完善了其知识结构的构建。

情境式教学法：该教学方法以情境为载体引导学生自主探究性学习，以提高学生分析和解决实际问题的能力。教师根据教学内容构建情境，设计形象鲜明的图片、影像等，并配合生动的语言文字，从而将教学内容中的情境活灵活现地展示给学生。进行这样情景交融的教学活动，学生身临其境，仿佛置身其间。情境式教学法能获得传统教学法无法达到的效果，对培养学生学习兴趣、发挥想象力、强化记忆等方面有其明显优势。

“1＋1＋X”教学法：吸取了基于工作过程的课程开发与实践思想，其中第一个“1”代表教学内容围绕市场一线需求来设计并不断更新，第二个“1”代表教学环境模拟企业开发一线，将职业岗位能力培养和开发流程体验融入实践教学中，“X”代表通过同类课程的整合和改革实现学生培养方向多元化。计算机应用性课程具有专业知识更新速度快、市场需求多样化的特点。为了更好地实现人才培养和企业需求的无缝对接，教学团队联合合作企业来制定企业岗位技能标准和综合性的案例，在课程实践教学中以综合性案例为驱动，模拟企业一线岗位来组建开发小组并设定小组成员分工，同时在多个项目中实现小组成员的轮岗实践，让学生提前熟悉企业工作环境和开发流程，提高学生的操作技能和团队意识。由于市场需求的多样化，企业岗位技能要求从业者具备综合性的知识架构和各类软件的组合操作能力，单一的一门课的知识和技能储备满足不了企业岗位需求，因此，教学团队在学生培养方向上通过相关前导、同步、后续课程之间的协调、关联和整合，做到相关课程教学内容前后合理衔接，实践能力逐级递进，根据市场需求整合规划出多个培养方向，做到培养方向上多元化，满足学生兴趣爱好和社会需求。

2. 教学手段

多媒体教学手段：计算机辅助教学系统的研究与应用是教学手段改革的一项

重要内容。我们在C语言程序设计、计算机网络技术、软件工程、计算机图像处理等课程中，使用多媒体系统进行教学，大力推广电子教案和电子挂图，充分利用光学幻灯片，使教学方法从传统的“黑板＋粉笔”模式，转变为“幻灯片＋CAI＋操作演示”的方法。新的教学手段，可以使学生在直观、轻松的氛围中接受新知识，既提高了学生的学习兴趣，增加了课堂信息量，又培养了学生的实际操作能力及应用各种先进软件的能力。

变传统演示性、验证性实验为理论课教具的教学手段：通过多年的教学改革和实践，我们把原实践环节中的演示性、验证性实验，通过教具演示，转变为理论课程中的教学手段，既提高了理论课的教学效果，也增加了设计性和综合性实验的时间。

多媒体和传统教学手段相结合，根据课程教学需要，合理利用多媒体和黑白板进行教学。

目前，计算机应用技术专业团队的教师积极开展省级MOOC课程建设，开展数字化校园网络教学平台建设，专业课程资源全部上网，学生可以随时随地进行课程学习，打破了传统教学中的种种不足。

3. 教学组织形式

以岗位能力培养为核心，实施“虚拟实验与生产实训相结合，分工与协作”教学组织形式。在教学过程中采用虚拟实验环境与生产实训环境相结合，完成组装与维护任务技能的学习与训练；虚拟实验与真实工程案例相结合，完成数据库系统设计项岗位技能的学习与训练；实训环境与现实业务相结合，完成网站管理和程序员等综合岗位技能学习与训练，如图3.4所示。

在组织教学过程中，教师通过“案例项目、作业练习项目、学生自选项目”三个螺旋上升的实训项目，学生通过“案例模仿、同步拓展、生产创新”三个实训阶段，完成相关核心课程职业能力的培养。

在课堂之外，教师和学生之间的辅导和交流是对学生课堂学习的重要补充，通过互联网平台、网络课程、课程论坛、课程QQ群、电子邮箱构建师生交流资源一体化，引导学生主动去完成课外练习和成立课外兴趣小组。

（二）教学管理与考核建议

1. 教学质量保障体系的运作与保障

教学工作是学校的中心工作，教学质量是高职学校的生命线，是学校综合实力的反映。教学质量监控与评价就是为了保证教学工作达到教学目标，并给出具体的量化考核方案。搞好教学质量监控与评价，关键是制定行之有效的监控体系和科学合理的教学评价体系。经过不断地摸索、分析总结，我院建立了如图3.5所示的教学质量监控体系。

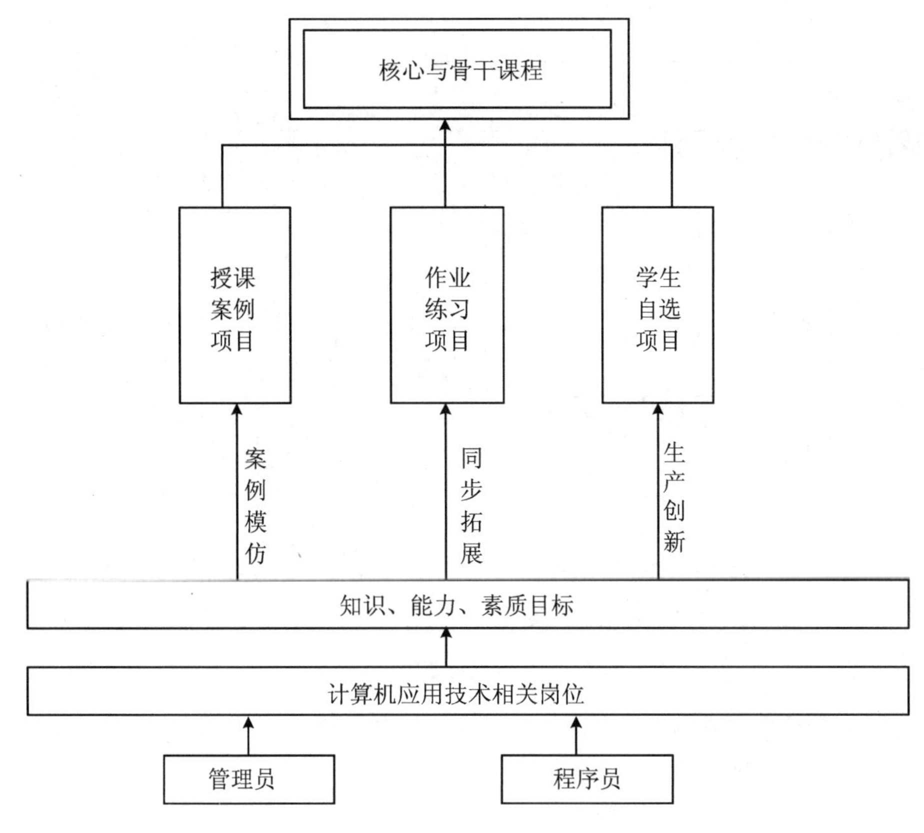

图 3.4　核心课程教学组织形式

(1) 建立系级教学质量保障组织机构

① 成立以系主任、系副主任、系教学改革秘书、教研室主任等组成的信息系教学管理小组和校内专家组成的专业建设指导委员会，负责专业人才培养方案的制订、实施与修改；

② 成立由系主任和有丰富教学经验的教师、工程技术人员、技术骨干等人员组成的教学质量督导小组，负责教学质量监控和信息收集、汇总、整理；通过系务会进行管理和指导。

(2) 制定和执行质量保障与监控制度

制定和执行听课制度、教学值班制度、教学事故责任追究制度、教学质量评价办法、教师开新课试讲制度、校内生产性实训标准、校外顶岗实习标准、顶岗实习管理制度、教师课堂教学达标方案等。

(3) 建立教学质量的激励与约束机制

① 严格执行学院“四评两查一考核”(四评：教师综合考评、学生评教、教师自评、系教研室评教；两查：检查教师上课情况、检查任课教师的教学资料；一考核：学期工作百分比考核)教学质量考核体系。按照学生评教、教师自评、教研室评教和

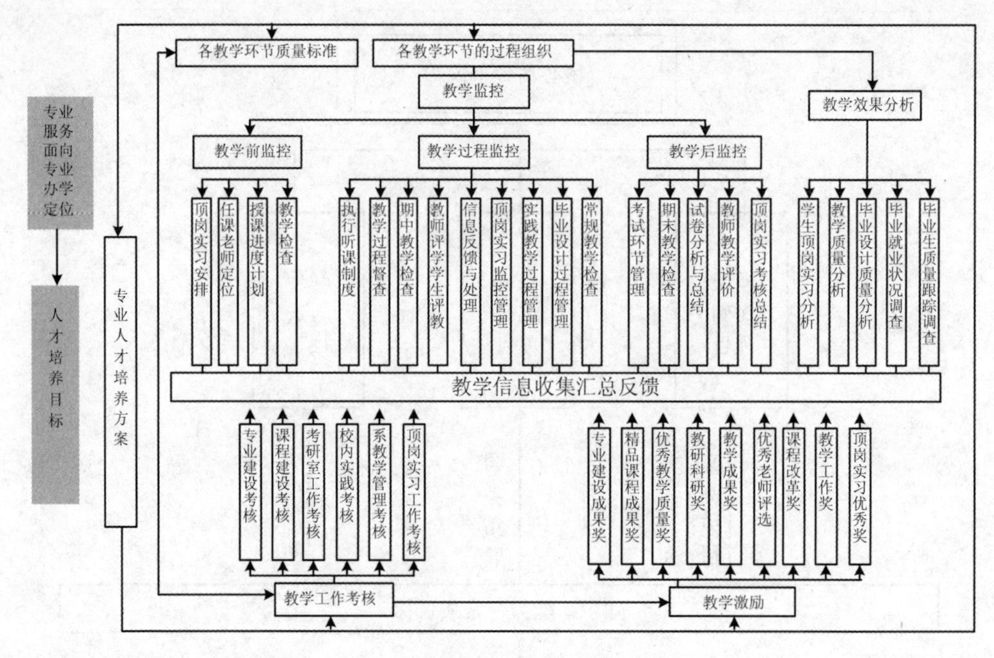

图 3.5　教学质量监控体系框图

系院领导与教学督导评教，对教师进行过程评教和学期考核，并根据工作质量目标达成情况和学生评教结果奖优罚劣。

② 加强教学法规建设，严肃查处教学事故和违纪行为。

③ 改革现行的教学管理制度，制定有利于促进学生进行创新性学习、提高学习质量的学生管理。

(4) 建立健全教学质量反馈系统

① 教学监控体系：为保障培养高素质高技能的高职人才的目标实现，采用院系两级的教学管理与教学督导模式，进行教学前监控、教学过程监控、教学后监控与教学督导检查，如课堂巡视、听课、学期开始、学期中间、学期结束前的教学常规检查、定期组织学生座谈会等。每班建立教学信息员制度以及教学信息反馈制度，如教师日志、学生课堂日志、学生反馈意见汇总等。

② 教学工作考核体系：教学评价是教学质量监控体系的核心，是教学质量管理的中心工作之一。开展教学评价应按照“以评促建，以评促改，以评促管，评建结合，重在建设”的指导思想，建立健全专业建设、课程建设、校内实训、顶岗实习等一系列的教学工作考核指标体系，形成规范、科学、合理、可操作性强的评价指标。

③ 教学激励制度：教学激励制度将评价结果与被评价者的切身利益全面挂钩，目的在于调动广大教师和管理人员的教学工作积极性，不断提高教学质量监控的实效性。实施教学奖惩制度，一是把教学质量评价与教学奖励、评奖、评优挂钩，每学期按照评价结果，在全校排名前 10 名的教师中评出教学质量优秀奖；二是如

果评价结果连续两学期均居于后10名者，定为重点帮扶对象；三是教师晋升职称、教学成果评奖及中青年骨干教师评选等均实行“一票否决”制度，即教学质量达不到要求就取消晋升资格。

通过教学监控、教学工作考核、教学激励以及教学效果分析等途径，及时、有效收集掌握教师及教学管理人员对教学质量评价及其结果，这将有利于教师及学校主动接受学生、社会的教学质量评价，不断找出自己在教学中、办学中存在的问题或不足，从而改进教学质量，提高教学水平；同时也能促使学校管理人员了解学校整体的教学质量状况，明确学校专业定位和办学思路，从而作出相应的宏观决策。

在教学质量监控体系中，通过教师的自我激励，促进教师的专业发展，通过多渠道的教学信息收集，对推动专业试点改革与建设，提高教学质量起到重要作用。实现了人才培养方案实施的柔性管理，完成了多方参与教学组织与质量保障体系的研究与建设，从而达到对教学全过程的运行情况及效果实行全面系统和科学有效的监督、检查、评估、反馈和调控。

2. 学生考核实施：能力考核＋过程考核

计算机应用专业主要培养学生具有较强的实际操作能力，而传统的单一的笔试或机试考核方法，容易使学生采用错误的学习方法，死记硬背，进行短时间的强化记忆，实质上并没有真正掌握和理解计算机专业核心课程的学习方法。学生职业能力的培养是一个循序渐进的过程，如何使学生从理论走向实践、从课堂走向社会、从基础理论走向工程项目的设计职业素养得到完美的统一，我院计算机技术专业根据专业课程特点，创建以能力考核为核心、以过程考核为重点的学习绩效考核体系，完善考核评价体系与实习制度，实施形成性考核成绩占40％，终结性考核成绩占60％，考核体系如图3.6所示。例如，我们根据计算机图像处理课程的特点，学生平时学习该课程学习态度及学习方法、网络讨论互动、网络课堂作业完成情况、分模块考核与综合考试等成绩分配以不同的比例，将形成性测试与终结性测试有机地结合在一起，最后综合评定学生这门课程的成绩。通过成绩评定的过程来加强学生注重把知识灵活地应用到实际生活中，充分激发学生的求知欲望，挖掘学生更深层次的潜能，形成以过程考核为主导的课程考核评价体系。终结性考核为突出实践性，核心专业课程全程在机房上机考核，主要考核学生的实践动手能力，每个模块都有两部分的考核内容，一部分是上机笔试，以填空题和选择题为主，考核题目在题库里随机抽取，体现灵活性、公平性、科学性和合理性，主要测试学生对课程理论知识部分理解及掌握的程度；另一部分是上机处理设计图像考核，题型是图像效果设计和广告设计，主要测试学生的自主学习能力、实际动手编程能力，用来开拓学生设计图像思路，进一步强化和培养学生的设计能力和美化图像的能力。考核中实行多元化的评价，行业兼职专家与校内专职教师共同参与、综合测评。

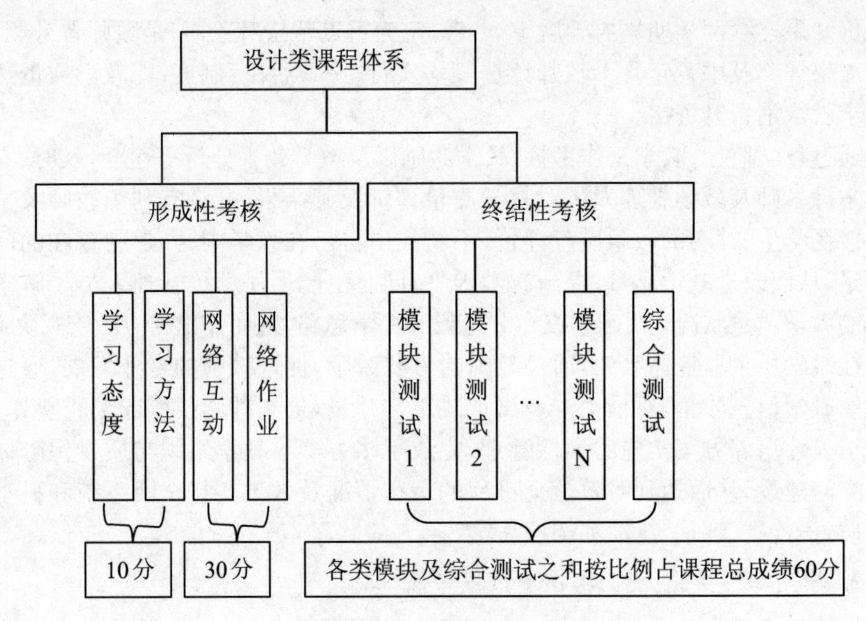
设计类课程体系
形成性考核
终结性考核
学习态度
学习方法
网络互动
网络作业
模块测试1
模块测试2
…
模块测试N
综合测试
10分
30分
各类模块及综合测试之和按比例占课程总成绩60分

图 3.6 课程评价体系

第四部分　专业人才培养实施的条件、规范、流程和保障

一、专业人才培养实施的条件

（一）专业教学团队

1. 基本情况

现有专兼职教师 21 人，其中专职教师 15 人，兼职教师 6 人。专职教师中，副教授 7 人，讲师 5 人，助教 3 人；10 人具备了双师资格；8 人具有计算机操作工考评员证书，师资队伍结构合理。

聘请来自行（企）业一线的知名专家和操作技师作为本专业的兼职教师，是本方案顺利实施的基本保障，为此，按照师生比例，至少需要 12 名兼职教师，共同参与教育教学全过程。

2. 专任教师

（1）专业带头人

在现有教师中，7 名具有副教授职称，具有“双师素质”的教师 5 名，其中 2 人是安徽省计算机应用技术专业的专业带头人，到国内著名企业进行为期 6 个月以上的锻炼。近年来，专任教师中先后有 10 人到企业第一线参加锻炼，13 人到相关高校和职业教育师资培训中心参加培训，了解专业技术领域发展的前沿技术，拓宽视野，更新理念，提高业务水平，具有先进的职业教育理论和较新专业建设理念；参加相关行（企）业和院校的技术研讨技术交流，把握行业发展动态，能带领教学团队提高专业技术服务能力，成为业内有影响的行家。目前该专业带头人主持或参与 2 项企业重大项目的开发，主持了 4 项省级教科研项目，本专业教学团队为安徽省高职院校优秀教学团队。

（2）骨干教师与双师素质培养

现有教师 95％以上具有了硕士学位或者“双师素质”，专业骨干教师能依据市场专业能力的要求开发课程，动手能力突出，能够指导学生实际操作。能够在企业锻炼，熟练掌握计算机应用技术工作技能；能够针对计算机应用技术职业岗位的需

要开发一门符合市场需求的课程、设计课程标准、编制实训项目，及时更新教学内容、组织专业教学和实践实训教学；具有较强的教学实践能力和团队协作精神。多人主持或参与了多项校级、省级的教改科研项目。

(3) 兼职教师

从相关行(企)业聘请了多名具有丰富实践经验、系统开发的专家和技术高手，参与专业建设和专业实践教学。制定兼职教师管理办法、兼职教师工作制度，规范兼职教师的教学行为，同时针对这些教师技术能力强、教学经验少的特点，定期组织讲座和交流活动，丰富他们的教育教学经验。兼职教师主要承担本专业 50％专业核心课程的实训教学工作，开发新的实训项目。成立了计算机应用技术专业建设合作委员会，由兼职教师队伍中的 4 名专家组成，定期召开会议，研讨专业课程建设，为专业建设出谋划策。

（二）教学设施

1. 校内实训室

根据人才培养方案，需要计算机软件实训室、多媒体网站实训室和综合布线实训室等实训室，用以改善实训条件，提升实训项目功能。主要实训室功能分析如下：

(1) 计算机软件实训室

功能：实训室主要承担计算机应用专业的语言类课程一体化教学、阶段实训项目、课程设计实训项目和毕业设计的教学与实践。

适应课程：C 语言程序设计、JAVA 语言程序设计、数据库系统设计、毕业设计。

主要设备装备标准如表 4.1 所示。

表 4.1 计算机软件实验室设备一览表

<table>
<tr><th>序号</th><th>设备名称</th><th>用途</th><th>数量
(台)</th><th>基本配置</th><th>适用范围
(职业鉴定项目)</th><th>备注</th></tr>
<tr><td>1</td><td>计算机</td><td rowspan="2">语言类课程教学和课程设计实训</td><td>60</td><td>内存 4 GB、硬盘 120 GB、CPU 2.5 GHz</td><td rowspan="2">多媒体制作员、网站编辑员</td><td></td></tr>
<tr><td>2</td><td>服务器</td><td>1</td><td>内存 8 GB、硬盘 500 GB、CPU 4.5 GHz</td><td></td></tr>
</table>

(2) 多媒体网站实训室

功能:网站的制作、设计和管理。

适应课程:网页制作、网站设计与管理、网站开发和毕业设计。

主要设备装备标准如表 4.2 所示。

表 4.2　多媒体网站实验室设备一览表

序号	设备名称	用途	数量（台）	基本配置	适用范围（职业鉴定项目）	备注
1	计算机	素材采集、网页制作网站开发和管理	60	内存 4 GB、硬盘 120 GB、CPU 2.5 GHz	网站管理员、多媒体制作员、计算机高级操作工	
2	服务器		1	内存 8 GB、硬盘 500 GB、CPU 4.5 GHz		
3	摄像机		6	80 万像素、LED 2.7 英寸		
4	照相机		6	1 600 万像素、3 英寸 46 万像素液晶屏、12 倍光学变焦、5～300 mm、1/2.3 英寸背照式 CMOS、高清(1 080P)		

(3) 综合布线实训室

功能:立体化微缩仿真工作环境和演示环境,高度模拟综合布线生产性真实环境。培养学生关于智能大厦、楼宇自动化施工,综合布线系统设计、施工、工程管理、测试验收等能力为目标,实现综合布线产品与材料、布线链路系统等认识实践,使学生具有综合布线设计师、综合布线工程师、综合布线测试员等岗位能力。

适应课程:网络工程,网络互联及综合布线技术,综合布线实训。

主要设备装备标准如表 4.3 所示。

表 4.3　综合布线实验室设备一览表

<table>
<tr><th>序号</th><th>设备名称</th><th>用途</th><th>数量（套）</th><th>基本配置</th><th>适用范围（职业鉴定项目）</th><th>备注</th></tr>
<tr><td>1</td><td>网络配线实训装置</td><td rowspan="4">网络配线和端接实训;网络跳线制作和测试实训;测试链路端接和实训;永久链路端接和实训;网络链路测试平台功能;实训考核功能。指示灯直接显示考核结果,易评判和打分;全透明智能化建筑模型结构,具有教学设计、实训、测试、考核和演示功能</td><td>3</td><td>网络压接线实验仪 1 台,网络理线环 2 个,网络跳线测试仪 1 台,地弹网络插座 1 个,100 回 110 型通信跳线架 2 台,地弹电源插座 1 个,24 口网络配线架 2 台,零件/工具盒 1 个,立柱具有布线穿管和安装网络插座实训功能</td><td rowspan="4">综合布线设计师、综合布线工程师、综合布线测试员</td><td></td></tr>
<tr><td>2</td><td>教学模型展示装置</td><td>1</td><td>微缩建筑模型,真实展示智能化建筑物理结构,三层,每层 8 个房间;全面展示网络综合布线系统工程物理结构和布线方式,一层展示地埋布线方式,二层展示桥架布线方式,三层展示吊顶布线方式;明装与暗装穿墙布线相结合,线槽与线管布线相结合;实物与微缩模型相结合展示;工程实物展示——工作区网络插座和模块、线槽、线管布线方式,水平系统布线等</td><td></td></tr>
<tr><td>3</td><td>网络综合布线实训装置</td><td>1</td><td>实训装置为全钢结构,预设各种网络器材安装螺孔和穿墙布线孔,无尘操作,突出工程技术原理实训;能够模拟进行综合布线工程各个子系统的关键技术实训;能够进行各种线槽或桥架的多种方式安装布线实训;能够进行各种线管的明装或暗装方式的安装布线实训;每个角区域模拟三层结构,配套 3 个机柜,模拟 3 个配线子系统;十字连接方式布局,教室利用率最高,设备利用率最高,性价比最高,实训方式最多,采光最好,管理方便</td><td>能同时提供 24 个工位</td></tr>
<tr><td>4</td><td>铜缆、工具、配件展示柜</td><td>3</td><td>配套全部器材名称标签和用途,容易辨认和学习</td><td></td></tr>
</table>

2. 校内实训基地

学校建有计算机网络实训基地1个，可以承担计算机网络技术、设计和足迹局域网、学生毕业设计等多门课程的实训教学任务，如表4.4所示。

表4.4　校内实训基地一览表

序号	实训基地名称	主要实训项目	实训设备	适用范围(职业鉴定项目)
1	计算机网络实训	网络规划与集成技能训练；网络互联、网络安全设备的配置与调试；网络管理与维护技能训练	联想网络设备；华为网络设备；神州数码网络设备；思科网络设备	计算机网络管理员(高级)；计算机系统操作工(高级)

3. 校外实训基地

通过校企合作，本专业教学团队与5家骨干企业签订合作协议，建成稳定的校外实训基地，部分基地情况如表4.5所示。

表4.5　校外实训基地一览表

序号	实训基地名称	主要实训项目	实训设备	实训指导及实训实习管理模式
1	中国联通阜阳分公司	网络管理与维护，网络安全，系统集成	交换机、路由器	企业+校内巡回指导教师
2	中国电信阜阳分公司	网络管理与维护，网络安全，系统集成	交换机、路由器、防火墙	企业+校内巡回指导教师
3	安徽阜阳诚意电脑有限公司	网站建设，系统集成，系统开发	计算机终端、开发类软件、服务器	企业+校内巡回指导教师
4	阜阳卓越电脑科技有限公司	信息系统开发，网络软件开发	计算机终端、服务器	企业+校内巡回指导教师
5	安徽创睿软件技术有限公司	信息系统开发，网络软件开发	计算机终端、服务器	企业+校内巡回指导教师

(三) 教材及数字化(网络)资料等学习资源

1. 教材使用及开发

教材选用近3年出版的普通高等教育国家级规划教材、行业部委指定教材、省级规划教材、获奖教材和校本教材。

本教学团队 6 名老师主编或参编计算机专业规划教材 6 本和 1 本数字化教材。

2. 图书资料

学校建有图书馆,馆藏图书 67 万册。为了适应现代化图书馆发展的要求,图书馆开设了数字化建设,目前机房服务器 3 台,数字化期刊网电子图书储存量达 6 500 GB,100 台电子计算机供师生使用,拥有中文数据库中国知网、万方数据库、超星数字图书馆和安徽省高校数字图书馆等多种共享资源,极大地方便了全院师生对图书的使用。

3. 数字化教学资源

为使资源最大化共享利用和适应个性化的学习方式,我院计算机应用技术专业通过系统设计、先进技术支撑、开放式管理、网络运行、持续更新等方式,开发别具特色的专业教学资源,能为本专业学生提供职前教育、培训和职后提升的自主学习平台,也为本专业教师提供资源共享的平台,使得资源得到最大化利用,体现最大价值。数字化教学资源平台主要包含以下教学信息资源库,如图 4.1 所示。

图 4.1　数字化教学平台

① 教学软件库:各种与计算机操作相关的软件安装程序包,方便学生随时下载安装学习。

② 教学视频库:教师将项目化教学操作步骤录制成视频,方便学生随时学习。日前本专业教学团队依据岗位职业能力要求,参照国家职业标准、行业企业技术标准和技能大赛技术标准,已完成 1 门省级 MOOC 课程、2 门省级精品课程、4 门院级精品课程的建设,完善教案、课件、授课录像等教学文件与教学资源,建成网络化、共享型专业教学资源库,实现优质资源共享。

③ 教学课件库:教师将教学课程的电子教案上传至数字教学平台,方便教师间进行资源共享,同时学生也可以进行自主学习。

④ 教学电子教案库:教师将所授课程的教学计划、教学目标、教学大纲、教学内容等形成电子文档发布到数字化教学平台,方便学生了解课程教学目标及教学重难点。

⑤ 教学素材资源库:各实践项目相关素材文件网络共享,方便学生和教师学习、查阅。

⑥ 教学习题库:教师创建所授课程的习题库,方便学生自我检测学习效果。

4. 运动场建设

学院拥有塑胶体育运动场 2 个,足球场 1 个,篮球场、排球场、羽毛球场多个,乒乓球台多个,为学院开展体育竞技提供较好的活动场所,同时也为体育教学及学院师生员工开展体育运动提供了良好的条件。

二、专业人才培养的规范

(一) 专业人才培养目标的定位

1. 专业人才培养目标的定位原则

本专业教学团队经过调研,结合本专业的实际情况与社会需要,确立了“校企合作,工学结合”的专业培养目标。

(1) 紧密对接地方企业对技能型人才的岗位需求

① 以职业技能需求为导向,明确培养目标、细化专业方向。我校根据国家教育部、信息产业部等部委制定的“国家技能型紧缺人才培养项目之计算机专业领域技能型紧缺人才培养指导方案”,根据皖北地区计算机相关行业的现状和发展趋势,确定专业培养方向,大致归纳为工程技术、运行维护和计算机操作等职业岗位。

② 确定厚基础、重实践的“323”课程体系结构。为了突出培养学生的动手实践能力,着重培养学生的职业素养,按职业岗位需求设置课程体系结构,突出专业课程的实用性和针对性,突出实践训练,强化主干课程教学,在调整课程体系结构时采用“323”的课程体系结构。

(2) 紧密对接地方企业对技能型人才的职业技能需求

计算机技术日新月异,专业课程内容要及时删减、补充、更新,使学生学到最新的计算机专业技术知识。教学课程的设置要体现以下特点:

① 保证教学内容实用性。课程教学内容充分把握当前主流技术的发展趋势

及企业人才需求，贴近市场，面向需求，适应经济社会发展。

② 保证教学内容先进性。及时把学科最新发展成果和教改教研成果引入教学，让学生学到最新、最具有专业优势的课程内容。教学安排以第一学年打基础为主，教学内容简单、容易掌握；第二学年以学习技能和实战训练为主，教学内容丰富、层次较深，并开展选修课教学，学生开始分层次分专业方向的学习；第三学年以实训和企业顶岗实习为主，教学内容直接面向企业岗位需求。让学生通过自主探索深入探究，有效地培养学生的创新思维和独立分析问题、解决问题的能力。

③ 创建基于工作任务的实训教学平台。教学模式采用项目教学、案例教学、理实一体化教学方法。让学生亲自接触企业项目，接受设计和开发任务，在实践中克服困难、解决问题；让学生亲身体验企业生产第一线的实际设计、实际开发、实际操作的全过程。

(3) 紧密对接地方企业对技能型人才的职业素养需求

① 以企业管理制度为蓝本，培养学生良好的职业道德。通过调查走访等手段，发现绝大多数企事业单位对人才的第一要求不是知识和技能，而是职业道德水准。企业总是将人品、敬业、责任感作为聘用员工的先决条件。学校可安排实训指导老师收集企业的有关规章制度和管理规范，并将其作为实训管理制度，让学生严格遵守，按照企业模式规范学生的行为，引导学生养成讲文明、讲道德、守纪律的良好行为习惯。以职业道德教育为核心、以诚信为根本开展第二课堂、社会实践活动，培养学生的诚信品质、敬业精神和责任意识。

② 以示范、指导、顶岗实习为载体，培养学生良好的职业意识和职业态度。将往届优秀的毕业生请回学校，与学生面对面地交流，谈谈工作体会和成功经验，引导学生树立正确的职业理想；聘请企业管理人员或岗位能手对学生进行就业指导，讲解和示范从业人员必须要严格遵守的职业规范；由实习指导教师指导学生参加企业顶岗实习，让学生了解企业的工作流程，亲身感受企业文化，培养学生的沟通能力、适应能力和组织协调能力，树立良好的竞争意识和合作意识。

本专业在人才培养方案上设置多个方向，学生可选择其中的一个方向进行学习。在做到“专而精”的同时，为不同特长与兴趣爱好的学生提供不同的学习与发展平台，最大限度地满足社会对不同岗位的人才需求。

2. 专业人才培养目标的确定程序

(1) 实施专业调研

由专业建设合作委员会、行业专家、专业带头人参与，通过多形式、多渠道对各类企事业进行计算机应用岗位及人才需求调研，对计算机应用岗位知识、技能、态度要求进行充分论证，形成规范科学、相对稳定、针对性较强并具有一定前瞻性的人才需求调研报告，作为计算机应用技术专业教育决策的重要依据。

(2) 召开专业岗位能力分析会

通过对计算机应用技术专业实施调研，明确了计算机应用技术专业人才面向的主要职业岗位。以此为基础，召开专业岗位能力分析会，进一步分解工作职责和工作任务，对完成职业岗位任务应具备的能力进行分析，从而确定学生应具备的综合素养和职业岗位能力。

(3) 实施职业素养教育贯穿于人才培养全过程

以基本素养模块和职业拓展模块为主体，同时在职业基础技术模块、职业核心技术模块和毕业实践模块中设置素质培养目标，实施职业素养教育贯穿于人才培养全过程。

(4) 确定专业人才培养目标

紧紧围绕计算机应用学科的自身发展、计算机应用职业岗位的就业需求和市场动向，前瞻性、动态性地探究高职计算机应用技术专业人才培养目标。在确定专业人才培养目标时，既要确定直接就业目标还要确定岗位发展目标，体现高职教育的基本岗位操作能力与可持续发展能力相统一的要求。

(5) 审核与审定

每年均召开学校专业建设合作委员会会议，对专业人才培养方案进行审核把关，确保人才培养目标、课程体系与人才培养方案合理、完善。

(6) 质量保障与监控

加强对人才培养过程的监控，对人才培养质量进行调研与反馈，针对实施与反馈情况发现问题，找出不足，提出调整意见和建议，为调整人才培养目标，优化人才培养方案提供可靠依据。

专业人才培养目标的确定程序由以上六个方面循环往复，持续改进，形成机制。

(二) 专业人才培养模式的改革

人才培养模式改革是专业建设与发展的核心。为了达到专业培养目标，必须对原有的人才培养模式进行改革，要克服传统人才培养模式中偏重理论传授，没有真正按照工作过程和职业岗位能力需要设置课程，不重视培养学生实际工作能力，跟不上快速发展的技术等问题。新的人才培养模式必须有企业的参与，企业的广泛和深入参与，是人才培养模式改革是否成功的关键。因此，借助学院“教学资源信息平台”，建立人才培养方案动态优化机制，定期开展社会调研，不断调整专业服务面向、人才培养目标、培养规格，优化人才培养方案。以培养计算机应用技术核心岗位能力为主线，实施人才培养模式改革，构建由“基本技能培养→核心能力培养→专项能力培养→拓展能力培养”的岗位能力梯次递进人才培养进程，加强动手能力的培养，以“用”为首要目标，在课程安排与课程设计中着眼于培养专业学生的动手能力，理论够用为度，为实践教学服务。不断对本专业进行完善，创新校企结合、校际合作、工学结合的人才培养模式和课程体系。跟踪就业市场对该专业毕业生知识能力要求的最新动态，以市场需求为准则，以就业为导向，兼顾企业实际需求和学生实际情况，以清晰的专业定位和职业面向为前提，改革以往人才培养方案，确立“五阶段、三循环、能力递进”的工学交替人才培养模式。

第一阶段：行业认知与专业认知。第一学期，通过专家讲座、企业参观等多种形式的专业教育活动使学生对计算机相关专业领域的工作岗位以及典型工作任务有全面的了解；通过培养模式与课程体系的介绍及教学内容的初步实践，使学生对专业及学习任务有全面的认知，为学生下阶段学习奠定基础。利用校内实训室以课岗融合的方式，采用项目驱动教学法，主要实施职业素养课程和专业基础课程的教学，进行办公技能实训。

第二阶段：专业核心能力培养。第二、三学期利用校内实训室以课岗融合的方式，采用基于工作过程的教学模式，实施专业核心课程教学，通过工作任务的分解，由浅入深逐步引导学生完成相关项目内容，切实掌握专业核心技能，具备岗位核心能力。

第三阶段：岗位实践。第二学年安排 2～4 周的实践教学周，鼓励学生在皖北地区一些企事业单位进行调研，并安排部分学生进入校合作企事业单位，协助计算机系统运营维护技术人员工作，初步体验将来所从事的工作岗位。

第四阶段：校外习岗或顶岗实习。第二学期暑假鼓励学生自愿选择到校外实习基地或自行选择实习单位进行习岗，专业能力强的学生可以直接顶岗参与完成实习单位的计算机应用技术专业岗位群的技术性工作。

第五阶段：技能专向培养。为培养一专多能的计算机应用技能型人才，在第三学年开展多技能培养方向。学生可根据自己的学习能力及兴趣爱好，选择相应的学习方向。因此，第三学年针对就业岗位对学生进行综合实践能力培养。第五学期由学生自行选择网站开发、网络管理、微机及办公设备的维护维修、小型应用软件开发、平面设计、动画设计六个综合项目中的一项进行强化训练，实训在校内实训室进行，由专兼职教师共同指导。综合项目实训是对专业基础课、专业技能课进行综合运用，学生在综合项目的完成过程中，培养学生职业综合素质和利用所学知识解决实际问题的能力。学生要能顺利完成综合实训任务，还需要补充知识，所以在该学期安排有针对性的专业拓展课程（如 SQL、Linux、C＃.NET、计算机网络安全、JAVA 等）以及网络管理工程师、软件开发工程师、计算机操作员、网络编辑员、网络课件设计师等考证课程，该类课程由学生自主学习为主，老师辅导点拨为辅的形式进行，有效提高学生的自学能力，同时实现学历证书与资格证书的对接。第六学期安排学生校外顶岗，同时根据岗位需求、结合岗位特点完成毕业设计任务。这一阶段是综合能力提升与职业素质养成的重要阶段，以学生预就业签约协议单位为主，学生以准员工的身份到企业顶岗实习，按校企合作制定的顶岗计划、实践项目，由企业兼职教师和学校专任教师共同指导学生的顶岗实习，共同评价考核学生顶岗实习效果。通过岗位群的轮换顶岗，使学生能够按照企业工作的要求独立完成操作，学生根据就业意向与企业要求，在对应的岗位进行顶岗，达到“一岗精”的目的，实现“零距离”就业。

以上五个阶段，共进行三次校企循环，职业素养教育贯穿全程，采用工作过程导向、课岗融合的教学组织形式，内容由浅入深，实训项目由简到难，教学过程与生产过程对接，课程内容与职业标准对接，学生的专业技能也随着各阶段的进行逐步提高，能力从“识岗”“顶岗”到“预就业”逐渐递进，最后达到企业用人标准。

（三）专业课程体系设计

1. 课程体系设计

对照核心岗位能力需求，融合行业标准和职业资格标准，以典型任务为载体，以工作过程为导向，进行岗位职业能力分析，整合优化课程内容，构建以职业能力为本位、以职业实践为主线、以培养职业技能为核心，依据“平台＋模块”的课程体系建设思路，融合国家职业标准，结合职业技能比赛要求，构建“平台＋模块”的课程体系，优化以能力为本位的“323”课程体系，即“突出三种能力，基于两个平台，面向三类岗位”的课程体系。搭建公共基础课程、专业核心课程两个平台和基础岗位能力方向化课程以及能力拓展课程两个模块，完善“基本训练、专项训练、综合训练”能力递进式实践教学体系。通过校企合作，编写符合职业院校学生特点和职业岗位特点的校本教材和实训指导书，不断改革教学方法，构建专业教学资源库，利用网络平台拓展、延伸课堂教学时空，进一步提高专业教学质量。

该课程体系按照职业成长规律与学习规律将职业能力从简单到复杂、从单一到综合进行整合，归纳出相应的行动领域，再转换为学习领域课程，充分体现因材施教的教学特点。课程体系目标统一完整、上下左右关系明确，课程既有所分工、有所侧重，又互相补充、互相协调，具有较好的实用性。

2. 专业核心课程设计

与行(企)业合作进行工学结合的课程开发，引入企业技术标准，进行教学内容更新和教学方法、教学手段改革。重点建设 4 门核心课程：C 语言程序设计、计算机网络技术、数据库系统应用与管理、JAVA 程序设计。

以 C 语言程序设计课程设计为例：

(1) 课程基本理念

课程教学以高职计算机应用技术专业特色为依据，以提升学生就业质量为导向，以知识应用为目标，充分体现理、实结合、知识点与工作任务点结合、技能训练与任务实施结合。课程教学内容的取舍以提升学生职业能力、素质，以符合职业资格标准的需要为目标。课程采用案例加任务驱动教学模式，注重培养学生的程序设计技能和知识综合应用能力。

(2) 课程设计思路

C语言程序设计课程设计遵循实用第一原则，注重凸显知识实用性，突出“三实用”特点——课程实用、听得实用、练得实用。

(3) 实用第一原则课程总体设计

实用第一原则教学设计重点之一是设计好第一课，让学生从第一课开始就能认识到课程内容有用、实用，认识到课程的知识可以帮助他们实际问题，激起他们的学习欲望。教学设计第二个重点是将“实用第一原则”贯穿教学始终，让学生感受“听得实用”，每一节课都能集中学生的注意力。第三个重点是实训任务设计，“实用第一原则”体现在每一个实训任务里。

(4) 单元教学设计

学习单元的设计不再局限于章节的设计，不再强调学生的模仿性、机械性操作，而是将实际工作领域的任务拆分若干个小工作任务后融入到每一个单元教学设计中，着重突出每节课内容实用，指导学生完成一个工作任务。做到“听得实用、做得有效”，将单元教学设计与实际问题的提出与解决相关，让学生看到正在学习的知识之应用价值，感受到所听的内容是有用的。

(5) 实训课设计

实训课设计做到每个实训题有针对性，让学生在实训过程中体验到正在用所学知识解决实际问题。

3. 教学模式

以计算机网络技术课程设计为例：

课程采用一体化教学模式，根据职业教育培养目标的要求来重新整合计算机网络技术教学资源，对计算机网络技术课程以使用网络和管理网络为主线，校内教师和校外教师共同设计10个实践项目，在网络实训室上课，训练学生用网、管网、组网能力，体现能力本位的特点，从而逐步实现三个转变：即从以教师为中心的如何“教给”学生向以学生为中心的如何“教会”学生转变；从以教材为中心向以课程标准和培养目标为中心转变；从以课堂为中心向以实训室、实习单位、实训基础为中心转变。构建学校教师、企业师傅一体化；教材和行业标准一体化；教室和实训室一体化；学习主客体一体化的教学新模式，从而使专业课程改革与创新更加充分与实效，充分调动学生学习积极性，实现教育客体主体化和学习主体客观化，“教、学、做”融为一体。

（四）专业师资队伍建设

校企共建师资队伍，通过开展青年教师联合培训，科研课题合作攻关，实验实训“双指导”，毕业设计“双指导”，教学效果“双评价” 等方式，打造一支双师结构的教学团队。建设期内，专业教师双师素质比例达90%，兼职教师承担专业实践课课时比例达50%。

1. 专业带头人培养

目前该专业已经有省级专业带头人张晓慧、童德茂 2 人，他们 2 人共受到省校资金资助 30 万元。学校安排他们到国内外接受职教理念、专业和课程设计能力培训，并通过企业锻炼、科研项目开发、技术创新服务等，在行业有一定知名度和影响度，能够指导骨干教师进行教学改革。

2. 骨干教师培养

选派 8 名教师参加师资培训、高校进修；分批出国培训学习先进职业教育经验；分批到合作企业进行实践锻炼；分配课程建设、教学资源建设、案例开发等任务，资助产学研项目，不断提高骨干教师项目课程开发能力。

3. 双师型教师队伍建设

通过培训学习、顶岗实践、鼓励专业教师参与职业资格认证等途径，优化师资队伍结构，提高教师综合素质，增强专业教师实践教学能力，力争培养双师型教师 12 名。努力促使学校与企业之间的深度融合，以构建“双师型”教师队伍建设平台为核心，逐步完善双师结构，双师型教师的比例要达到专任专业课教师的 90%以上，具备专业建设能力和参与优质核心课程建设能力。

4. 兼职教师队伍建设

充分利用合作企业资源，根据《阜阳职业技术学院关于外聘教师的聘用、管理与考核办法》，聘请行(企)业专家、技术人员和能工巧匠，建立 10 人以上相对稳定的兼职教师资源库。

定期开展兼职教师教学能力培训，组织兼职教师教学资格认证等活动，广泛收集兼职教师建议和意见。兼职教师主要承担实践技能课程任务。

(五) 专业实训基地的建设

在现有实验设备的基础上，继续充实完善，提高水平，使之在设备、管理、师资、社会服务等方面具有领先和示范作用。

1. 校内实训基地建设

计算机应用技术专业的实验、实训场所有机器人创新实验室、计算机软件实训室、多媒体网站实训室、综合布线实训室、网络综合实训室和计算机通用实训室。总建筑面积 1 500 平方米。计算机应用技术专业各类实验、实训设备共计价值 300 多万元，能满足专业教学和教学改革中项目教学要求。

随着计算机设备的升级换代，实训基地设备需要进一步提升，建设具有实验教学、实训教学、项目学习、创业体验和科研等功能为一体的，在高职院校处于领先水平的实验实训室，使之成为专业教学和能力培养的实训基地。同时改造升级现有的计算机组装与维护实训室，建设多媒体实训实验室、网站开发实训室、数据库开发实训室等，使实训室设备能够满足教学需要，提高学生实践环境。

2. 校内实训基地内涵建设

为保障实践教学的规范性和质量，进一步完善校内实训基地管理体制和运行机制，严格执行校内实训的各项管理制度，制定实训课程标准和技能鉴定标准，编写实训指导手册，制定实训和技能鉴定考核办法，加强实训的过程和结果考核。

严格按照校内实训基地管理制度，管理和维护好各实训室的实训设备，维护好实训环境，保证实训教学正常有序进行，并降低设备维护费用。充分利用校内实训基地的设备资源和教师资源，根据实训课程教学需要，部分实训室实行全天开放，满足实训教学、培训、教学研究等需要，提高各实训室的利用率，各实训室的利用率达到90%以上。

3. 校外实训基地建设

校外实训基地是对学生进行实践能力训练、培养职业素质的重要场所，是实现专业培养目标的重要条件之一。校外实训基地也按照统筹规划、互惠互利、合理设置、全面开放和资源共享的原则，尽可能争取和专业有关的企业合作，使学生在实际的职业环境中顶岗实习，培养学生解决生产实践和工程项目中实际问题的技术及管理能力，取得实际工作经验，培养团队协作精神、群体沟通技巧、组织管理能力和领导艺术才能等个人综合素质，为学生今后从事各项工作打下基础。为满足实现办公软件应用、系统开发和网站建设等能力和岗位顶岗实习的要求，将充分利用行(企)业资源，广泛联系地区的网络系统公司、信息化建设领先的企事业单位，创新运行管理机制，建立互惠互助的校企长效合作机制，建立相对稳定的实训基地，做到教学、实训与社会实践相结合，能反映计算机应用技术专业最新成果和发展方向，能提供专业教师技能实训，满足学生专业实训、顶岗实习和实践锻炼的需要。在未来的3年时间里选择更多优秀的企业作为校外实训基地，增加校外实训基地的数量，力争校外实训基地达到7个以上。

4. 校外实训基地内涵建设

为加强校外顶岗实习组织实施的过程管理，保证校外顶岗实习规范进行，健全校外顶岗实习的管理体制，完善校外实训基地管理制度、学生校外顶岗实习管理规定、企业校外顶岗实习指导教师管理规定、学校校外顶岗实习指导教师管理规定等各项管理制度，校企共同制定顶岗实习课程标准、编写顶岗实习指导手册、学生实习成绩考核标准，建立能满足工学结合人才培养模式和课程体系需要的运行机制和质量监控体系，加强校外顶岗实习过程和结果的考核。

同时，学校安排教师专门负责与企业、学生联系，并负责学生的岗前教育，实行学生实习意外伤害保险全员制。学生实习期间，教师不定期实地检查不少于6次。根据学生的实习日志、实习报告及实地检查的情况对学生进行考核；企业安排专门的指导教师从职业意识、职业能力培养、日常管理等方面对学生进行管理与考核。

学校、企业的考核各占50%。

三、专业人才培养的流程

在岗位工作分析的基础上，将工作与教学融合，建立工学结合人才教育过程(具体实施操作流程如图4.2所示)。第一、二学期属于职业能力认知阶段，通过基础知识课程教学与职业能力认知实践的结合，体现教学活动的多元化；第三、四学期属于职业能力形成阶段，通过工作分析与学生兴趣发现的结合，确定销售与售后服务、局域网的组建管理与维护、企业网站的设计与开发等培养方向，体现岗位能力的多元化。学生以“深专一个岗位能力、兼顾其他”的原则，选择自己所喜欢的岗位类别；第五学期属于职业能力提高阶段，生产性实训的实施，需要整合不同岗位类别的成员，体现项目成员和岗位能力的多元化，岗位能力、方法能力与社会能力的结合，体现综合职业能力的多元化。

四、专业人才培养的保障

(一) 组织保障

成立由学校、企业和研究单位的专家组成的专业建设合作委员会，制定计算机应用技术专业的建设方案，包括人才培养方案、课程体系和课程建设方案、见习实习和实验实训基地建设与实施方案等。

专业建设合作委员会对专业建设、实训基地建设、师资队伍建设、教学管理与改革等工作进行经常性的指导、检查，带动整体工作的推进。确保计算机应用技术专业的教学有计划、分步骤、高质量地运行。

(二) 制度保障

1. 校企合作、工学结合的运行机制

学校进行内部管理制度改革，有效促进校企合作的落实，改变教师聘任制度形成激励机制，建立有利于企业兼职教师聘任的教学运行制度。建立教学校系校企合作委员会，聘请有社会影响力的企业专家任主任，形成校企共建共享的合作机

第一学期	在多媒体教室进行《思想道德修养与法律基础》《大学英语》《高等数学》《计算机应用基础》的教学；利用校内实训基地完成《计算机组装与维护》的基础教学；使学生具备通识能力、英语阅读能力、计算机应用能力、分析问题和解决能力

第二学期	根据课程内容安排不同的实训场所，组织实施教学；完成《计算机网络技术》《设计和组建局域网》《C语言程序设计》等基础教学；使学生具备专业通用能力、专业基本技能能力

第三学期	专职教师和企业专家共同开展《数据库基础》《网站管理》《JAVA程序设计》《信息安全 》等专业技能课程 的教学；使学生具备专业人才培养目标的技术能力和项目开发基础

第四学期	专职教师、企业专家进行专业技能课程开发；引导学生利用小系统进行简单的设计;使学生具备简单的软件系统的设计开发能力

第五学期	专职教师、企业专家进行职业课程开发，对学生进行职业综合课程技能实训，从而培养学生运用知识的能力；使学生具有简单项目设计和实现能力，具备就业初步能力

第六学期	采取学校+企业+顶岗就业的方式，聘请企业专家担任指导老师，学生以技术人员的身份，在企业担任一定的工作，完成顶岗实习；使学生了解行业发展，掌握顶岗实习单位本职务工作流程和岗位职责；向本单位技术、管理人员学习管理经验和相关技术知识；形成学生就业能力

图 4.2　专业人才培养流程

制，校企合作委员会定期开展活动，落实课程建设、学生实习、教师企业锻炼、企业兼职教师聘任、企业技术研发等工作。

2. 教学运行管理机制

专业建设合作委员会下设教学与学生管理部、技能鉴定与认证中心、技术服务与推广部。教学与学生管理部负责根据专业建设方案，制定课程标准、教学计划，制定各类教学管理文件及各类企业员工、社会人员培训计划；负责常规的教学运行管理；负责各级各类学生的日常管理。

3. 专业建设合作委员会

专业建设合作委员会成员如表 4.6 所示。

表 4.6　专业建设合作委员会成员

序号	姓名	会内职务	工作单位	职务或职称
1	李平	主任	阜阳职业技术学院	副教授、工程科技学院院长
2	孙道德	副主任	阜阳师范学院	教授
3	张晓慧	副主任	阜阳职业技术学院	副教授
4	童德茂	副主任	阜阳职业技术学院	副教授
5	辛士英	委员	中国电信阜阳分公司	高级工程师
6	宋丽萍	委员	阜阳职业技术学院	讲师
7	张华	委员	阜阳职业技术学院	副教授
8	范鹏	委员	阜阳卓越电脑科技有限公司	总经理
9	支祖利	委员	阜阳职业技术学院	助教

4. 顶岗实习的监控

（1）顶岗实习方案制定

建立校企深度合作机制、实施定单培养是实现顶岗实习目标的重要保证。在市场体制环境中，建立长期的、可持续发展的校企合作关系，实现“校企合作、顶岗实习、工学结合”，是顶岗实习方案制定的出发点。方案制定体现了建立基于校企共同发展的动力机制；建立基于互惠互赢的利益驱动机制；建立基于校企合作的保障机制；建立基于优势互补的共享机制；建立基于文化融合的沟通机制。

（2）顶岗实习组织管理

工程科技学院成立“顶岗实习工作领导小组”，由工程科技学院院长任组长，计算机应用技术教研室主任任副组长，相关参与的校内实习指导教师任成员。工程科技学院院顶岗实习工作领导小组主要确定专业顶岗实习工作的方针、目标和任务。顶岗实习指导教师由校内实训教师、校内联系教师和企业指导教师组成，校内联系教师由顶岗实习生原辅导员担任，企业指导教师由外聘实训单位的专业技术人员、管理人员担任，并具体明确了各教师工作职责。

(3) 顶岗实习过程管理

顶岗实习实行学校推荐、实习单位选用的双向选择和个人自主联系实习单位相结合,学生自主联系实习单位的,须征得家长同意。无论是学校安排还是学生自主联系实习单位,学生均须与实习单位签订实习协议,实习协议内容应包括各方的权利、义务,实习期间的待遇及工作时间、劳动安全及卫生条件等,实习协议应符合相关法律规定。顶岗实习内容与就业目标相结合,顶岗实习综合实践课程教学大纲采用"校企结合、项目实践、融合贯通"的顶岗实习教育指导模式,让学生把在校内学到的知识同企业的"项目"实践有效融合,使实习内容与就业目标紧密结合。通过校内实训与企业实习相结合,促进知识的融会贯通,从而达到学校与企业的零距离对接,实现毕业学生的预就业。

(4) 顶岗实习的考核评价

按照顶岗实习管理规章制度的具体要求,全面制定针对顶岗实习企业、指导教师、实习学生及整个实习教学过程的考核标准、考核办法,包括《顶岗实习企业要求与标准》《顶岗实习指导教师工作标准》《顶岗实习教学质量评价标准》《顶岗实习基地工作考核办法》《顶岗实习指导教师考核办法》和《顶岗实习学生考核办法》等,明确以上主体的责任、权利及应实习的教学目标,责任到人,由实施管理小组实施过程监控、考核评价及反馈改进,确保实习教学目标的实现。在实际考核中,校企双方应根据学生在具体工作岗位的工作态度、生产能力、阶段性考核和实习期末考核总评确定其顶岗实习成绩。

(三) 经费保障

1. 经费投入

计算机应用技术专业,2000 年评为国家级教学改革试点专业,先后投入 300 多万元,建立了完善的校内计算机应用技术专业实验实训基地,能满足校内专业实训需要。

经学校统一规划,2012～2013 年学校投入 60 余万元,新建信息安全实训室、机器人创新实训室和扩建综合布线实训室用于教学改革,为计算机应用技术专业教学一体化教学改革提供支撑。

学校按生均 500 元/年费用,为本专业在人才培养模式与课程体系改革、师资队伍建设、校企合作运行机制建设、教学实验实训建设维护方面提供经费保障。

2. 经费管理

经费的支出严格按照《国家示范性高等职业院校建设技术管理暂行办法》和《阜阳职业技术学校国家骨干高职院校建设专项资金管理办法》,依据教育部、财政部批复的《阜阳职业技术学校国家骨干高职院校建设方案》《阜阳职业技术学校国家骨干高职院校建设任务书》,坚持统一规划、集中管理、分级管理、单独核算、专款专用原则，采取事前立项审批、事中跟踪审计和事后审核结算，保障资金的使用和管理。

五、考核评价

专业考核融入国家职业资格标准，体现学生的职业素养、专业能力和方法能力；在评价方式上，引入学生自评、用人单位评价、家长评价、教师评价、社会评价“五位一体”评价模式；在评价方法上，推行以过程性、发展性的评价方法，力求做到培养成效满足学生自身、学生评他、家长评价、社会等的满意。计算机应用技术专业考核评价表如表 4.7 所示。

表 4.7 计算机应用技术专业考核评价表

评价主体	评价客体
学生	学生评价自身技能养成现状、技能与企业顶岗实习工作的匹配度、学生适应岗位的程度等内容
用人单位	评价学生：德育水平、技能水平、岗位适应能力、服务意识、方法能力水平、社会能力水平 评价学校：服务企业技术问题的质量与水平、顶岗实习学生的管理能力和水平、校企合作的紧密度与关联度水平
家长	评价学生：思想建设水平、礼仪礼貌修养水平、职业意识、尊老爱幼程度、行为自控能力水平大小 评价学校：班主任工作质量、工作方法；学校后勤工作服务水平
教师	评价学生：学习态度、学习习惯、服务管理、自我意识能力及学习效果 评价教学管理：教学体制建设完善程度、教学管理规范化程度、教学服务水平、教学设备先进性与完备性、教学技术培训及时性
社会	同行学校评价：学校在专业影响、专业示范、专业辐射上的能力和影响力；学校各级各类学生、教师大赛的技术水平 行业评价：学校对行业在职人员后续培训、上岗资格证培训的贡献大小及质量水平

第五部分　计算机应用技术专业(操作岗位方向)课程标准

随着职业教育理论与实践的发展,高职课程标准的设计从早期的对课程教学内容的规定延伸到了对学生学习结果的描述,即从“教什么”向“学什么”的转化。高职课程标准要体现与工作过程知识相一致的职业特点,即课程标准的设计要从职业活动出发,学习情境设计要与工作任务具有高度的相关性;从职业核心能力的培养出发,在课程标准设计中实现专业能力、社会能力和方法能力的有机结合。课程标准是执行人才培养方案,实现人才培养目标的纲领性文件,其内容包括了对某门具体课程的教学目标、课程内容、教学实施以及对学生学习结果的评价设计,其最终指向对教学质量的评价,指向对课程的开发与管理,是教材编写、教学评估、考核评价的依据,是确定教学目标、教学内容、重点难点、教学条件、教学评价的基础。

一、课程标准现状及问题分析

(一)课程标准与职业岗位技能标准对接现状及存在问题分析

通过对国内外相关文献及相关院校调研发现,近年来,课程标准与职业岗位技能标准对接已成为高职教育研究的热点课题,研究有理论探讨、实证分析,就是否需要对接、如何对接等相关问题提出了众多方案,但也存在一些不足:

第一,众多高职高专院校近年来都较重视精品课程的建设,也制定了相关课程标准,但多数院校的课程标准的制定缺乏对职业岗位的深度剖析,仅从宏观上确定了面向职业岗位需求的目标,没有制定出一套在实际课堂教学中可以真正实施的、与职业岗位各个环节一致的任务机制。

第二,对于课程标准与职业岗位技能标准对接研究,当前的主要成果还是以理论的初步探讨居多,面向实际的实证研究还相对缺乏。大多数研究主要分析了课程任务与岗位技能的对接,没有全面深入分析课程建设与工作环境、企业文化的对接。

(二) 计算机应用技术专业课程标准制定现状及存在的问题分析

通过调查研究表明,计算机应用技术专业毕业生就业后企业不满意的绝大多数原因是,学生不能尽快适应岗位、无法满足企业生产要求。主要表现为:

第一,教学内容脱离企业岗位的实际需要。课程体系的建设从理论上来说,知识技能的完整性、系统性、严密性不佳,实际操作性不够,教学内容与企业岗位需求没有实现深度对接。

第二,与企业沟通不够,教师对生产现场不熟悉,造成学校课程中教学内容、任务的难度、制作流程、操作步骤、规范等与企业实际的工作任务脱节,导致毕业生走向就业岗位时要花较长的时间进行二次学习。

针对当前计算机应用技术专业课程标准与职业岗位技能标准不能深度对接的情况,工程科技学院计算机应用技术专业在课程标准的制定上主要通过社会调查研究、毕业生访谈、课程设置探索和实践,逐渐建立与校企合作、工学结合相适应的、行之有效的计算机应用技术专业课程标准与职业岗位技能标准深度对接方案。

二、制定课程标准的意义

随着教育部《关于全面提高高等职业教育教学质量的若干意见》(教高[2006]16 号)文件精神和《国家中长期教育改革和发展规划纲要》,以及《国家高等职业教育发展规划》(2011～2015 年)等文件的出台,高等职业教育步入质量发展的内涵建设时期,以提高课堂教学质量为目标,以创新教学模式、创新教学方法和改革课程教学内容为重点,以职业岗位技能为主线,积极开展调查研究,转变教育观念,不断创新,增强学生的职业能力已经成为高等职业教育教学改革的重要途径。要突出培养学生职业能力,必须依据高职教育的目标定位与培养计划,以及《国家职业资格标准》和相关行企业标准,对学生经过高职教育之后的预期结果所作为的一种基本规范与质量要求,用教学文件的形式来明确学生从事课程所对应工作领域的工作必须具备的职业能力以及为此达到目的是用教学文件的形式来明确学生要从事课程所对应工作领域的工作必须具备的职业能力,是指导教学的纲领性文件。具体来说:

① 规定某一门类或某一领域课程性质、目标、内容框架。

② 是高职类课程开发(教材编写)的基本依据。

③ 体现了多个利益主体(政府、行业、企业、学校)等“职业人”培养规格与质量

要求。

④ 是高职类课程管理与评价的基本依据。

⑤ 具体规定了某专业领域的高职学生在知识目标、品性目标、表现目标等方面所应达到的基本程度。

⑥ 提供了指导性的教学要求、原则和评价建议。

三、制定课程标准的基本原则

工程科技学院计算机应用技术专业在课程标准的制定过程中始终遵循高职教育教学规律，坚持以培养学生职业能力为导向，课程标准制定中坚持以下五条基本原则：

（一）以就业为导向，以培养学生职业能力为本位原则

着眼学生德、智、体、美等全面发展，结合三年制高等职业教育教学实际，确立素质、知识与能力"三位一体"课程教学目标，统筹安排课程教学内容、组织实施和教学评价等环节，科学分配理论教学与实践教学时间，实现课程教学的最优化设计。

（二）以行业企业专家为主导，专业教师参与为原则，充分体现教育性

在教学活动中，课程内容在必须支持实现工作任务的完成进程与心理结构建构进程同步的同时，还必须能为学生的职业生涯发展指明方向，因此在课程标准的制定中要以行企业专为主导，专业教师参与为原则，既要注重"职业"，又要注重"生涯"，注重教育性。

（三）以培养学生职业能力为宗旨，体现工学结合的原则，充分体现课程的系统性

课程本身是一个目标、内容、实施、评价等多种因素有机组成的完整系统，并与其存在的外部环境相适应。课程标准作为指导课程实施、建设的依据，必须对课程的性质、目标、内容、教材编写与资源开发利用、教学和评价等作出完整的规定或说明，并遵循由专业课程体系确定课程内容、依据课程内容设计学习情境、针对学习情境实施教学和评价等各要素之间相互关联的逻辑关系，将工学结合、职业能力本

位的理念贯穿始终,充分体现课程的系统性。

(四) 高职课程标准内容描述要以明确、具体规范为原则

课程标准要对老师和学生在教什么、学什么,如何教、如何学等方面规定统一的基本要求,这就需要制定课程标准的人员对课程的性质、内涵、范围和程度等清晰地加以界定,并具体加以陈述和说明。例如在教学目标陈述上,可以先从知识、技能与态度等方面确定课程的总体目标,进而阐述每一个学习情景更具体的目标,充分体现其明确性、具体性

(五) 高职课程标准的实用性、发展性原则

课程内容必须符合企业相应专业岗位的实际需要,与国家和行业职业标准相结合,反映课程对学生素质、知识与能力等专业教育教学的基本要求,体现本课程教学目标的针对性、教学内容的导向性和教学方法的适用性;另外课程内容应紧跟科技进步和社会经济发展趋势,充分体现课程改革成果,更新教学内容,创新教学方法,为学生个性发展、全面发展奠定基础。

四、课程标准开发要点

(一) 课程定位要准确

课程标准要对课程在专业人才培养过程中的定位、性质和功能作出定性描述,根据专业人才培养目标和专业所对应的工作领域的职业要求,明确课程对学生职业能力培养和职业品质养成所起的作用,开设相应的前导课程、同步课程和后续课程。

(二) 设计思路要清晰

充分体现学生职业能力培养为目标,与行企业共同开发课程的设计理念;遵循工学结合、系统化课程开发基本规律,分析完成典型工作任务所需要的知识、技能,并参照行业职业资格标准,确定教学内容,合理选择企业真实工作任务为教学载体,设计若干学习情境,并将相关知识、技能、态度按照学生的认知规律和职业成长

规律，由易到难，由单一到复杂逐步融入到各个学习情境中，通过各个学习情境的学习，实现知识、技能、素质的同步提高。从而达到培养学生职业能力的教学目的。

（三）课程目标要明确

一课程目标要与专业人才培养目标一致；二要从知识、技能、态度三个方面确定课程目标，将职业教育的理念体现在课程标准中；三要按照完成工作任务的完整过程，清晰描述职业能力方面的目标。

（四）课程内容要适用

职业教育的教学内容应是定向职业的目标工作领域中与专业的职业面向和目标相对应的完整的工作任务。对于知识内容的选择，应在专业目标的指导下，在足以完成相应工作任务的需求约束下，以“必需”和“够用”为限度。

（五）学习情境要系统

学习内容要以学习情境为载体。选取由易到难、由简单到复杂的若干个系统化的典型工作任务，将课程内容按照学生的认知规律和职业成长规律有机地嵌入其中，形成能力递进关系，学生在比较中学习，能力呈螺旋式上升。

（六）评价方式多样化

通过笔试、口试、实操、作品展示等多样化考核方式，采取学生自评、学生互评、教师点评等多元化评价方式，考核学生知识、技能、职业能力等考核指标，形成性考核与终结性考核相结合，淡化总结性评价，强化过程评价，突出培养学生的职业综合能力。

五、课程改革思路

工程科技学院计算机应用技术专业的课程标准制定严格遵循课程标准制定的基本原则和课程开发要点，对计算机应用专业操作岗位方向的课程进行基于工作过程的系统化开发。

(一)以职业生涯为目标

专业人才培养方向的确定需要了解行业发展和人才需求情况,了解地方区域行业的发展和人才需求特点,然后学院与企业对接,要到有代表性的企业与管理人员、技术人员进行交流调研,跟踪调查毕业生就业情况;了解技术发展趋势、人才结构与需求、岗位对工作能力的要求、毕业生就业状况等信息。通过对调研结果进行分析并论证,确定以职业生涯为专业培养目标。重视与学生终身职业生涯发展密切相关的心理品质的培养;关注学生毅力、自信心、认真负责的工作态度、团队合作精神、人际关系能力的培养;关注学生不断学习、不断发展的愿望的培养。

(二)以职业能力为基础

要按照工作的相关性,而不是知识的相关性来确定课程设置。课程设置应注重职业情境中实践智慧的培养,开发学生在复杂的工作关系中做出判断并采取行动的能力。

通过职业发展阶段的归纳寻找典型工作任务。首先,要注意选择合适的实践专家,基本标准是具有丰富工作经验的一线技术人员,要与本地的行业发展水平一致;其次,是选择专业的课程项目主持人,主持人的引导水平将影响最终的典型工作任务的归纳;再次,如何将引导问题转化为实践专家能够理解的符合专业特点的话语,以达到从专业角度分析描述典型工作任务的基本内容的目的。

(三)以工作结构为框架

只有当学生的知识结构与工作中的知识结构相吻合时,才能最大限度地培养学生的职业能力。这就要求引入课程结构的理念,按照工作结构来设计职业教育课程框架。即将学习领域课程划分为若干典型工作任务,典型工作任务就是实际工作过程的归纳,而学习领域课程就是学校学习中符合理实一体化原则的综合性课程,它源自典型工作任务,但是以一种更易于让学生接受的方式出现,学习领域课程的命名一般采用“对象＋动作”的描述形式(如数据库设计,避免学科化的表述形式如数据库基础),对课程目标的描述应包括学生在认知、技能和情感三个方面的综合职业能力要求,对其表述要有明确的具体化的显性目标;同时还要有对课程综合要求的表述,阐明实践与理论的关系,以实现能够达到的隐性目标。

(四)以工作过程为主线

按照工作过程中活动与知识的关系来设计课程,突出工作过程在课程框架中的主线地位，按照工作过程的需要来选择知识，以工作任务为中心整合理论与实践，培养学生关注工作任务完成，而不是关注知识记忆的习惯，并为学生提供体验完整工作过程的学习机会。为了能让学生更好地完成工作任务，需要把典型工作任务划分为一个个小的学习情境，学习情境一般是以项目或任务形式出现，能够反映真实的职业工作情境，它是一个有明确产品的相对完整的工作过程，具有典型性和综合性，具有有效地激发学生学习兴趣的评价方法，培养学生解决问题的能力，提升学生职业能力。

（五）以工作实践为起点

尽量早地让学生进入工作实践过程，促进他们从学习者到工作者角色的转换，以形成学生自我负责的学习态度，并在工作实践的基础上建构理论知识，激发学生的学习兴趣。

六、课程标准示例

（一）计算机应用基础课程标准

课程编码：A031105
课程类别：职业基础技术模块
适用专业：计算机应用技术
开设学期：第一学期
学时：90
授课单位：工程科技学院

1. 课程定位和课程设计

(1) 课程性质与作用

本课程是计算机应用技术专业的职业基础课程。根据高职高专的教学目的和要求，其功能在于让学生通过本课程的学习，能够深入了解计算机基础知识，熟练掌握计算机的基本操作，了解网络、数据库、多媒体技术等计算机应用方面的知识和相关技术，具有良好的信息收集、信息处理、信息呈现的能力。本课程也是为后续课程和专业学习奠定坚实的计算机技能基础。课程具有很强的实践性，对于培养学生的实践能力、创新能力、分析和解决问题的能力都起到十分重要的作用。

(2) 课程设计思路

课程开设依据计算机应用专业操作类方向人才培养目标的能力要求,课程以学生为主体,学生在教师的指导下以小组为单位合作完成项目任务。由于计算机应用基础课程是一个实践操作很强的课程,所以教学指导思想是在有限的时间内精讲多练,培养学生的实际动手能力、自学能力、开拓创新能力和综合处理能力。在制订教学计划时,理论学时和上机学时的比例设置为 1∶1,让学生有更多的时间练习操作性的知识。通过实验指导给出详细的操作步骤,锻炼学生的动手操作能力和自学能力。

通过向学生提供课余充足的上机时间,布置实用性较强的上机练习内容和实训操作作业,进一步提高学生使用计算机的技能,锻炼学生独立思考能力以及通过网络获取知识和整合知识的能力。

"活动导向设计"的教学方法。在课程教学中融入案例教学法、讨论教学法、发现式教学法、专题式教学法等多种教学方法的组合。适时选用提问、讨论等生动多样的形式,设置教学情境,营造师生互动、生生互动的学习氛围,提高计算机应用基础课程教学的吸引力和感染力。

考核方式突出"四个注重"。考核内容"注重"能力,考核形式"注重"多样化,考核评价"注重"过程,考核机制"注重"多种奖励。注重过程考核,坚持全面评价,强调知行统一,对学生掌握知识起到积极作用。

开辟网上教育教学新领域。在保证统一教材使用的前提下,通过教学资源建设,打造方便学生学习的立体化教学资源体系。通过网络平台,我们为学生提供了课程标准、教学课件、典型案例、视频资料、阅读材料、参考书目以及其他相关知识拓展材料等充足的学习资源,以促进学生学习效率和提高学习质量。

2. 课程目标

① 掌握计算机的初步知识。

② 掌握 Windows XP 的基本操作方法。

③ 掌握可以实现文字、图、表混排的实用文字编辑软件 Word 2003 的使用方法。

④ 掌握使用电子表格处理软件 Excel 2003 处理各种报表的基本方法,掌握一种常用的汉字输入方法。

⑤ 掌握使用演示文稿制作软件 PowerPoint 2003 制作各种演示文稿。

⑥ 掌握计算机病毒的防治知识。

3. 课程内容与要求

(1) 课程内容

课程内容如表 5.1 所示。

表 5.1　课程内容

学习情境		子情境	参考学时
情境名称	情境描述		
计算机系统	查看计算机的基本软硬件配置	1. 了解计算机硬件系统各项参数 2. 会安装计算机系统中的各种操作软件 3. 安装系统的应用软件	8
计算机操作系统	掌握 Windows 7 操作系统的基本操作和常用功能	1. 操作整理各类文件 2. 在一台计算机上添加多个用户 3. 使用金山打字练习各种中英文输入	12
图文表排版	利用 Word 2010 进行文字处理	1. 创建、编辑、保存文档 2. 编辑图片、艺术字、剪贴图、图表等 3. 邮件合并 4. 图、文、表混排 5. 目录制作	24
电子表格编辑与处理	利用 Excel 2010 制作电子表格及应用	1. 电子表格基本操作 2. 考试成绩登记表的制作 3. 学生成绩汇总表 4. 制作学生成绩汇总表(续) 5. 数据管理与分析	20
演示文稿软件应用	利用 PowerPoint 2010 制作演示文稿	1. 幻灯片演示文稿制作 2. 个人简历设计	16
计算机安全	利用各种软件保障计算机安全	1. 计算机病毒及防护/网络安全防护、计算机法律和道德 2. 计算机安全设置 3. 安装杀毒软件	5
因特网应用	电子邮件管理、常见网络服务与应用	1. 申请和电子邮箱 2. 使用下载工具 3. 使用搜索引擎	5

(2) 学习情境规划和学习情境设计

学习情境规划和学习情境设计如表 5.2～表 5.8 所示。

表 5.2　学习情境一描述

<table>
<tr><td>学习情境名称</td><td colspan="2">查看计算机的配置</td><td>学时数</td><td>6</td></tr>
<tr><td>学习目标</td><td colspan="4">1. 能够应用信息的表示方法和编码
2. 能够识别计算机的硬件资源
3. 能够安装系统的应用软件</td></tr>
<tr><td>学习内容</td><td colspan="4">教学方法和建议</td></tr>
<tr><td>1. 查看计算机的硬件
2. 查看计算机的软件
3. 安装系统的应用软件</td><td colspan="4">可使用如下学习情境在微机实验室组织教学活动
1. 查看计算机的硬件
2. 查看计算机的软件
3. 安装系统的应用软件</td></tr>
<tr><td>工具与媒体</td><td>学生已有基础</td><td colspan="3">教师所需要的执教能力</td></tr>
<tr><td>多媒体教室、板书</td><td>对计算机已有所了解和接触</td><td colspan="3">引导学生联系生活实际进行思考的能力</td></tr>
</table>

表 5.3　学习情境二描述

<table>
<tr><td>学习情境名称</td><td colspan="2">Windows 7 的使用</td><td>学时数</td><td>12</td></tr>
<tr><td>学习目标</td><td colspan="4">1. 能够使用资源管理器对文件等资源进行管理
2. 能够安装和使用压缩工具软件
3. 能够为计算机设置多用户管理及权限，使一台计算机能够为不同人员使用
4. 能够熟练使用一种中文输入法
5. 能够使用软件备份和恢复操作系统
6. 能够使用操作系统中自带的常用程序
7. 能够进行数据备份</td></tr>
<tr><td>学习内容</td><td colspan="4">教学方法和建议</td></tr>
<tr><td>1. Windows 7 操作系统的基本操作
2. 文件管理
3. 系统设置与管理</td><td colspan="4">可使用如下学习情境在微机实验室组织教学活动：
1. 设计硬盘使用方案
2. 操作整理各类文件
3. 在一台计算机上添加多个用户</td></tr>
<tr><td>工具与媒体</td><td>学生已有基础</td><td colspan="3">教师所需要的执教能力</td></tr>
<tr><td>多媒体教室、板书</td><td>对计算机相关概念已有所了解</td><td colspan="3">引导学生联系生活实际进行思考的能力，激发学生学习兴趣</td></tr>
</table>

表 5.4 学习情境三描述

<table>
<tr><td colspan="2">学习情境名称</td><td colspan="2">图文表排版</td><td>学时数</td><td>24</td></tr>
<tr><td>学习目标</td><td colspan="5">1. 能够创建、保存文档,使用不同的视图方式浏览文档
2. 能够设置文档的格式,设置文档的页面格式、页眉和页脚
3. 能够在文档中插入和编辑表格,设置表格格式,实现文本与表格的相互转换
4. 能够在文档中插入并编辑图片、艺术字、剪贴画、图表等
5. 能够对文档中的图、文、表混合排版
6. 能够邮件合并、制作目录</td></tr>
<tr><td colspan="2">学习内容</td><td colspan="4">教学方法和建议</td></tr>
<tr><td colspan="2">1. 格式化文档
2. 艺术设计
3. 报纸排版
4. 邮件合并
5. 目录制作</td><td colspan="4">可以让学生选取专业、生活中的文字、图片、表格等各种内容作为素材,设计、制作作品,如个人简历、合同、名片、宣传广告等,培养学生综合应用文字处理软件的能力</td></tr>
<tr><td colspan="2">工具与媒体</td><td colspan="2">学生已有基础</td><td colspan="2">教师所需要的执教能力</td></tr>
<tr><td colspan="2">多媒体教室、板书</td><td colspan="2">计算机基础操作能力</td><td colspan="2">引导学生联系生活实际进行思考的能力,激发学生学习兴趣</td></tr>
</table>

表 5.5 学习情境四描述

<table>
<tr><td colspan="2">学习情境名称</td><td>电子表格编辑与处理</td><td>学时数</td><td>20</td></tr>
<tr><td>学习目标</td><td colspan="4">1. 能够创建、保存电子表格文件
2. 能够熟练输入、编辑和修改工作表中的数据
3. 能够熟练插入单元格、行、列、工作表、图表、分页符、符号等
4. 能够熟练设置工作表的格式;设置工作表的页面格式
5. 能够使用常用函数
6. 能够对工作表中的数据进行排序、筛选、分类汇总
7. 能够创建与编辑数据图表
8. 能够使用数据透视表和数据透视图进行数据分析会根据输出要求设置打印属性</td></tr>
</table>

续表

<table>
<tr><td colspan="2">学习内容</td><td colspan="2">教学方法和建议</td></tr>
<tr><td colspan="2">1. 电子表格基本操作
2. 考试成绩登记表的制作
3. 学生成绩汇总表
4. 制作学生成绩汇总表(续)
5. 数据管理与分析</td><td colspan="2">选取专业、生活中的相关内容作为素材,制作数据图表,如班级学习成绩、教师工资等各种数据进行分析管理,重点训练学生的数据处理、数据分析绘制数据图表等技能</td></tr>
<tr><td>工具与媒体</td><td colspan="2">学生已有基础</td><td>教师所需要的执教能力</td></tr>
<tr><td>多媒体教室、板书</td><td colspan="2">文字处理编排能力</td><td>引导学生联系生活实际进行思考的能力,激发学生学习兴趣</td></tr>
</table>

表 5.6　学习情境五描述

<table>
<tr><td colspan="2">学习情境名称</td><td colspan="2">PowerPoint 2010 演示文稿软件应用</td><td>学时数</td><td>16</td></tr>
<tr><td>学习目标</td><td colspan="5">1. 能够使用多种方法创建并保存演示文稿
2. 能够制作母版
3. 能够在幻灯片中插入图片、音频、视频等外部对象;在幻灯片中添加表格与图表等元素
4. 能够熟练设置、复制文字格式;熟练插入、编辑剪贴画、艺术字、自选图形等内置对象
5. 会创建幻灯片的超链接
6. 会对幻灯片的动画进行设置
7. 能够对演示文稿打包,生成可独立播放的演示文稿文件</td></tr>
<tr><td colspan="2">学习内容</td><td colspan="4">教学方法和建议</td></tr>
<tr><td colspan="2">1. 演示文稿建立
2. 个人简介</td><td colspan="4">以学生身边的素材汇总展示为题材,让学生制作逻辑结构合理的演示文稿,培养多媒体软件的综合应用能力</td></tr>
<tr><td colspan="2">工具与媒体</td><td colspan="2">学生已有基础</td><td colspan="2">教师所需要的执教能力</td></tr>
<tr><td colspan="2">多媒体教室、板书</td><td colspan="2">对计算机相关概念已有所了解,并对 Word 2003 文字处理及 Excel 2003 电子表格处理软件有相关技术的应用水平</td><td colspan="2">引导学生联系生活实际进行思考的能力,激发学生学习兴趣</td></tr>
</table>

表 5.7 学习情境六描述

学习情境名称	计算机安全		学时数	5
学习目标	1. 能够还原系统 2. 能够对计算机安全进行设置 3. 能够安装病毒防治软件			
学习内容		教学方法和建议		
1. 计算机病毒及防护/网络安全防护、计算机法律和道德 2. 计算机安全设置 3. 安装杀毒软件		1. 计算机病毒认识 2. 计算机杀毒软件的安装 3. 计算机杀毒软件的使用		
工具与媒体	学生已有基础		教师所需要的执教能力	
多媒体教室、板书	具备计算机基础操作技能		具有计算机操作能力和病毒最前沿知识能力	

表 5.8 学习情境七描述

学习情境名称	因特网应用		学时数	5
学习目标	1. 能够申请电子邮箱 2. 能够使用下载工具完成各种类型文件的下载与保存 3. 能够使用关键词搜索所需要的信息			
学习内容	教学方法和建议			
1. 申请和电子邮箱 2. 使用下载工具 3. 使用搜索引擎	1. 申请和电子邮箱 2. 使用下载工具 3. 使用搜索引擎			
工具与媒体	学生已有基础		教师所需要的执教能力	
多媒体教室、板书	具备计算机基础操作技能		具有计算机操作技能及搜索技巧	

4. 课程实施

(1) 教材选用或编写

① 推荐教材

宁可. 计算机文化基础[M]. 天津:天津教育出版社,2013.

② 参考教材

谭浩强. 计算机公共基础[M]. 北京:清华大学出版社,2013.

胡维华.大学计算机基础实践[M].杭州:浙江科学技术出版社,2012.

李永平.信息化办公软件高级应用[M].北京:科学出版社,2014.

李宁.办公自动化技术[M].北京:中国铁道出版社,2013.

许晞.计算机应用基础[M].北京:高等教育出版社,2013.

③ 教材编写体例建议

依据本课程标准编写教材,教材应充分体现项目引导、任务驱动的课程设计思想。以技术应用能力培养为主线,结合职业技能证书考核要求,合理安排教材内容。

在形式上应适合高职学生的认知特点,文字表述深入浅出,内容采用文字配合案例、习题、思考与分析等多种形式。

为了提高学生学习的积极性和主动性,体现本课程项目导向的教学特点,培养学生理解与应用的能力,教材应根据工作任务的需要设计相应的技能训练活动。各项技能训练活动的设计应具有实用性、趣味性和可操作性。

(2) 教学方法建议

根据高职教育特点和"计算机基础"课程教学内容,本课程在教学中融入"案例教学法""情境教学法""讨论式教学法""发现式教学法"等多种教学方法的组合。在课堂教学中,适时选用提问、讨论、辩论、演讲乃至角色模拟等生动多样的形式,调动学生参与教学的积极性。本课程教学的教学方法设计与内容安排如下:

① 案例教学法

使用目的:培养学生认识、分析和解决问题的能力。

实施过程:精选典型案例,案例要结合教学内容和学生实际;引导学生主动思考;给出案例,提出思考问题,由学生自主回答;激发学生的学习动机;针对学生的回答,教师进行总结、分析,既要鼓励学生,又要有所提升。

实施效果:以小事件引导大思维,以小故事传授大道理。

② 情境教学法

使用目的:以"境"促"情"、以"情"促"学"、以"学"促"思"。

实施过程:借助于多媒体技术手段,利用情境因素创设教学氛围;教师通过富有创意的教学设计,调动学生的情感因素;学生感受到马克思主义理论的深邃内涵和力量激发高尚情操,树立远大的志向,从而转化为自己的行为。

实施效果:使学生的情感活动与认知活动有机结合起来,调动学生的情感因素,让学生在情理交融中受到教育和启发。

③ 讨论式教学法

使用目的:促进学生自主学习,培养综合能力,澄清认识。

实施过程:给出讨论主题,提出任务要求,学生分组,课下搜集准备资料;课上交流发言;课上每小组选1名代表重点发言,其他学生参与讨论,各抒己见,教师适时进行启发引导;讨论小结;教师总结讲解或鼓励学生总结陈述。

实施效果:激发思维,获得动力,主动思考,主动学习。辨明是非真伪,丰富理论知识。锻炼学生多方面的能力,如搜集资料、获取信息的能力,整合材料、总结概括的能力,以及语言表达能力。

④ 发现式教学法(研究法)

使用目的:帮助学生积极思考,自觉主动的探究学习,掌握认识解决问题的方法。

实施过程:一是创设问题情境,引出要解决或研究的课题。教师深入分析教学内容,向学生提出问题,引导学生主动思考;二是学生提出假设或答案。学生在阅读和学习有关材料的基础上对教师提出的问题做出各种可能的假设或回答;三是检验假设或答案。在教师指导下,学生根据不同的课题性质,通过思辨、讨论、演示等形式对假设或答案进行检验,正确的可以作为结论或结果,错误地加以修正;四是做出结论。教师对学生的回答进行补充、修改和完善,对提出的问题做出结论,或引导学生导出结论,鼓励学生做出总结陈述。

实施效果:学生主体意识增强。整个教学过程中,以学生的学习为中心,学生处于"想要解决问题"的主动思考中,教师始终是问题的引导者。学生学会学习。通过问题引导,帮助学生完成"提出问题→解决问题→再提出问题→再解决问题的"的认知过程,帮助学生学会学习。

⑤ 总结归纳教学法

使用目的:以理论丰富思维,以实践丰富体验。

实施过程:汇总讨论和案例分析的收获;导出本次主题的核心价值观及相关价值观;提出价值观内化和落实到行动中的要求。

实施效果:明确主题价值观,给学生提供正确的价值导向。知法明礼见行动,修身立业谋发展。

(3) 教学评价、考核要求

本课程考核以过程考核为主,全面考核学生的知识、能力、素质等掌握情况。评价原则、评价标准、评价方式、评价的组织与实施等方面的建议。

考核内容"注重"能力。在考查学生基础理论知识的基础上,注重考查学生利用计算机解决实际问题的能力。通过实验锻炼学生搜集资料、整合资料、分析问题、解决问题的能力。

考核形式"注重"多样化。结合课程的特点,坚持正确的命题原则和灵活多样的考试形式相结合,笔试与上机考试相结合,平时考查与期末考试相结合。

考核评价"注重"过程。跟踪记录学生运用计算机完成任务、案例或项目的过程,评价学生操作过程及操作结果的准确性、合理性、熟练性及全面性。把学生整个学习过程的动态情况进行量化考核。调整平时成绩与期末成绩的比例,由原来的3∶7调整为5∶5,平时成绩包括学生课上出勤、课堂讨论、课堂互动、主题活动、实践活动等方面,通过这样的调整,避免了有些学生不注意平时的学习和出勤,到期末考试临时突击也能过关的现象。能从整体上对学生的学习情况做出客观的评价。

考核机制“注重”多种奖励。为了调动学生学习的积极性和主动性,改变学生对思想政治理论课的错误定位,本课程采用多种奖励机制来激发学生学习的热情。鼓励学生结合所学专业,以文字、照片、小品、PPT 等多样化方式呈现考核作业,并装入“档案袋”。并举办相关的演讲比赛、知识竞赛、征文比赛、经验交流等活动,凡是在这些活动中获得等级奖的同学,都相应地获得平时成绩加分、颁发获奖证书等不同形式的奖励。

学生参与教学评价。包括学生参与学习成绩评定与评语建议,形成学生的自我评价、学生之间的互相评价、教师对学生的评价以及学生管理部门对学生的评价四者相结合起来的评价方法。

(4) 课程资源的开发与利用

注重课程资源和现代化教学的开发和利用,这些资源有利于创设形象生动的工作情景,激发学生的学习兴趣,促进学生对知识的理解和掌握。建议加强课程资源的开发,建立多媒体课程资源的数据库,努力实现跨学校多媒体资源的共享,以提高课程资源的利用效率。

积极开发和利用网络课程资源,充分利用电子书籍、电子期刊、数据库、数字图书馆、教育网站和电子论坛等网上信息资源,使教学从单一媒体向多种媒体转变;教学活动从信息的单向传递向双向互动转变;学生由单独学习向合作学习转变。

产学合作开发课程资源,充分利用本行业典型的生产企业的资源,进行产学合作,建立实践实训基地,工学交替,满足学生的实习实训,同时为学生的就业创造机会。

结合安徽省高校计算机一、二级考试要求,可建立相应练习试题库,通过练习和实践,进一步提高省计算机等级考试的通过率。

(5) 其他说明

① 教材编写要体现课程的特色与设计思想,教材内容应体现先进性、实用性。

② 把计算机等级考试的考核项目与要求纳入到专业课程标准之中,为学生就业服务。

(二) 数据库基础课程标准

课程编码:C032103

课程类别:职业基础技术模块

适用专业:计算机应用技术

开设学期:第二学期

学时:64

授课单位:工程科技学院

1. 课程定位和课程设计

(1) 课程的性质

数据库基础课程是计算机应用技术和计算机网络技术专业的必修基础课,是职业能力课程中的职业基础技术课程。本课程主要培养学生数据库管理和应用的能力,以及结合高级程序设计语言进行数据库应用系统、管理信息系统、动态网站的开发能力,是计算机应用专业和网络技术专业动态网站开发数据库课程的基础。

(2) 课程的定位

本课程以计算机应用和网络技术专业学生的就业为导向,根据用人单位对计算机专业所涵盖的岗位群进行的任务和职业能力分析,以 Access 数据库管理系统为主线,以本专业应共同具备的岗位职业能力为依据,遵循学生认知规律,将本课程的教学活动分解设计成若干实验项目或工作情景,以具体的项目任务为单位组织教学,以典型实际问题为载体,引出相关专业理论知识,使学生在实训过程中加深对专业知识、技能的理解和应用,培养学生的综合职业能力,满足学生职业生涯发展的需要。

(3) 课程设计思路

本课程以就业为导向,按照“以能力为本位、以职业实践为主线、以项目课程为主体的模块化专业课程体系”的总体设计要求,该门课程以形成数据库管理能力和利用高级编程语言进行数据库编程能力为基本目标,紧紧围绕完成工作任务的需要来选择和组织课程内容,突出工作任务与知识的联系,让学生在职业实践活动的基础上掌握知识,增强课程内容与职业能力要求的相关性,提高学生的就业能力。在教学内容和方法上贯彻“技能培养为主,知识够用为度”的教学思想,旨在培养学生的创新意识,提高岗位实践能力和适应能力。

选取项目的基本依据是该门课程涉及的工作领域和工作任务范围,但在具体设计过程中还以数据库系统开发流程与典型的项目为载体,使工作任务具体化。

2. 课程目标

本课程开发遵循就业导向的现代职业教育指导思想,课程的目标是职业能力开发,使学生能使用所学的数据库知识,根据实际问题进行数据库的创建与维护、检索与统计,能开发简单的数据库应用程序,使学生具有计算机信息管理的初步能力。课程目标包括知识教学目标、能力培养目标和职业素养目标。

(1) 知识教学目标

① 掌握数据库中的基本概念和常用命令;

② 掌握数据库的创建与维护;

③ 掌握数据的查询与统计;

④ 掌握用户界面的设计;

⑤ 掌握用户菜单的设计;

⑥ 掌握简单应用程序的编写方法。

(2) 能力培养目标

① 能正确使用数据库中的常用命令;

② 能正确完成数据库的创建,并进行维护;

③ 能根据要求完成数据的查询与统计;

④ 能进行简单的用户界面的设计;

⑤ 能进行简单的用户菜单的设计;

⑥ 能编写简单的应用程序并能进行程序的调试;

⑦ 会写出相应的应用程序用户文档;

⑧ 初步具备解决实际问题的能力;

⑨ 具备通读教材,学会看书的能力。

(3) 职业素养目标

① 具有吃苦耐劳与敬业精神;

② 具有实事求是的学风和严谨的工作态度;

③ 具备独立分析和思考能力,具备良好的自学能力;

④ 具备良好的心理素质和责任意识,能及时完成任务的能力;

⑤ 具备较强的语言表达能力、良好的沟通能力和协调能力。

3. 课程内容与要求

(1) 课程内容

根据计算机应用及工程师、程序员等职业岗位的任职要求,参照计算机应用及工程师、程序员的职业资格标准,改革课程体系和教学内容。课程内容突出职业能力培养,体现基于职业岗位分析和能力为导向的课程设计理念,以真实工作任务为载体组织教学内容,在真实工作情境中采用新的教学方法和手段实施。课程教学内容的取舍和内容排序还分别参考国家和省等级考试二级 Access 语言的考试大纲,为学生参加国家和省二级考试奠定基础,如表 5.9 所示。

表 5.9　课程内容

学习情境		子情境	参考学时
情境名称	情境描述		
现实世界到机器世界的转换过程	从数据库的基本知识入手,帮助学生了解如何用数据库将工作中实体用计算机管理起来	1. 教学管理数据库的设计 2. 认识 Access 2010 3. 数据库的创建	4

续表

学习情境		子情境	参考学时
情境名称	情境描述		
现实世界到机器世界的具体操作	从具体的"教学管理系统"实例入手介绍如何将教学中遇到的教师、课程、学生、选课、成绩等多个实体放入计算机进行管理	1. 创建表及表操作 2. 表的编辑和修改 3. 表间关系的建立 4. 设置数据表的格式	6
从数据库中获取所需信息	从介绍查询的基本概念,教会学生如何从已建好的数据库中检索所需信息	1. 认识查询 2. 创建各种类型的查询方法 3. 在查询中进行汇总计算 4. SQL 查询语言	8
友好的用户界面	从介绍窗体的基本概念和基本操作,教会学生如何设计数据库系统的用户界面	1. 认识窗体和窗体的类型 2. 介绍创建各种窗体的方法 3. 设置窗体的属性 4. 在窗体中使用控件、调整控件布局外观 5. 使用窗体处理数据	8
打印需要的数据信息	从介绍报表的基本概念和基本操作入手,教会学生如何将所需的数据信息设计成美观、实用的形式打印出来	1. 认识、创建和编辑报表 2. 在报表中进行排序和分组 3. 在报表中进行汇总计算 4. 子报表和多列报表	4
让计算机帮助我们做简单的事	从介绍宏的基本概念和基本操作入手,教会学生如何让计算机帮助我们做简单的工作	1. 宏的基本概念和创建方法 2. 宏的运行和调试 3. 宏的应用	4
让计算机自动的帮助我们做复杂的事	从介绍面向对象程序设计基础知识和 VBA 程序设计基础入手,教会学生如何让计算机帮助我们做复杂的工作	1. 面向对象的程序设计基础 2. 模块的概念、分类和创建 3. 程序设计基础 4. 模块的应用实例	10
教学管理系统集成	再次利用"教学管理系统"基础,教会学生综合运用前面所学的 6 个对象	1. 制作系统控制工作窗体 2. 制作系统关联宏 3. 制作系统菜单	8

续表

学习情境		子情境	参考学时
情境名称	情境描述		
数据库管理和安全	从介绍数据库管理与安全的概念、理论和方法入手,教会学生如何对数据库有效的管理	1. 数据库对象的管理 2. 数据库管理 3. 数据库安全	4
数据库系统实例	综合运用前面所学知识,制作实用的图书信息管理系统	1. 系统分析与设计 2. 数据库详细设计 3. 创建会员管理窗体 4. 创建主窗体	8

(2) 学习情境规划和学习情景设计

学习情境规划和学习情景设计如表 5.10～表 5.19 所示。

表 5.10　学习情境一描述

<table>
<tr><td colspan="2">学习情境名称</td><td colspan="2">现实世界到机器世界的转换过程</td><td>学时数</td><td>4</td></tr>
<tr><td>学习目标</td><td colspan="5">1. 学习数据库基本理论
2. 了解数据库管理系统的特点和划分
3. 了解各种关系运算的作用
4. 掌握数据模型和关系型数据库的基本内容
5. 掌握 Access 的使用方法</td></tr>
<tr><td colspan="2">学习内容</td><td colspan="4">教学方法和建议</td></tr>
<tr><td colspan="2">1. 数据库基础
2. 数据管理的发展
3. 数据模型和关系数据库
4. Access 的基本特性和数据库组成
5. Access 的用户界面和数据库的创建方法</td><td colspan="4">引导式教学法、情境教学法、任务驱动教学法</td></tr>
<tr><td colspan="2">工具与媒体</td><td colspan="2">学生已有基础</td><td colspan="2">教师所需要的执教能力</td></tr>
<tr><td colspan="2">电脑机房、投影仪、机房控制软件</td><td colspan="2">具备对文字的基本理解能力,计算机操作基础</td><td colspan="2">能对数据库基础理论深刻理解,具备深入浅出、通俗易懂地讲解相关的概念和理论内容的讲解能力</td></tr>
</table>

表 5.11 学习情境二描述

<table>
<tr><td>学习情境名称</td><td colspan="3">现实世界到机器世界的具体操作</td><td>学时数</td><td>6</td></tr>
<tr><td>学习目标</td><td colspan="5">1. 理解字段的概念及其与数据表结构之间的关系
2. 通过设计视图创建、修改数据表
3. 根据应用需求,对数据记录进行排序
4. 在数据表中执行筛选、查找和替换操作
5. 美化数据表的外观
6. 理解数据表的关联并正确地建立关联</td></tr>
<tr><td colspan="3">学习内容</td><td colspan="3">教学方法和建议</td></tr>
<tr><td colspan="3">1. 表的建立与修改
2. 表之间的关系
3. 表的优化与调整
4. 数据表与外部数据的交换</td><td colspan="3">引导式教学法、情境教学法、任务驱动教学法</td></tr>
<tr><td colspan="2">工具与媒体</td><td colspan="2">学生已有基础</td><td colspan="2">教师所需要的执教能力</td></tr>
<tr><td colspan="2">电脑机房、投影仪、机房控制软件</td><td colspan="2">熟悉 Access 的用户界面和掌握数据库的创建方法</td><td colspan="2">Access 基本知识和基本操作技能</td></tr>
</table>

表 5.12 学习情境三描述

<table>
<tr><td>学习情境名称</td><td colspan="3">从数据库中获取所需信息</td><td>学时数</td><td>8</td></tr>
<tr><td>学习目标</td><td colspan="5">1. 了解查询功能及其分类
2. 根据给定的条件建立查询准则
3. 通过向导和设计视图来创建并修改查询
4. 通过查询对数据表进行操作
5. 掌握 SQL 的概念及使用方法,学会建立 SQL 查询</td></tr>
<tr><td colspan="3">学习内容</td><td colspan="3">教学方法和建议</td></tr>
<tr><td colspan="3">1. 查询的概念和准则
2. 使用向导创建查询
3. 使用设计视图创建查询
4. SQL 查询</td><td colspan="3">引导式教学法、情境教学法、任务驱动教学法</td></tr>
<tr><td colspan="2">工具与媒体</td><td colspan="2">学生已有基础</td><td colspan="2">教师所需要的执教能力</td></tr>
<tr><td colspan="2">电脑机房、投影仪、机房控制软件</td><td colspan="2">熟悉表的创建和表间关系的建立、掌握查询的创建</td><td colspan="2">Access 基本知识和基本操作技能</td></tr>
</table>

表 5.13　学习情境四描述

<table>
<tr><td>学习情境名称</td><td colspan="2">友好的用户界面</td><td>学时数</td><td>8</td></tr>
<tr><td>学习目标</td><td colspan="4">1. 了解窗体的组成及类型
2. 掌握向导和设计视图创建窗体的方法
3. 向窗体中添加控件并定义其属性
4. 掌握常用控件的名称及其作用
5. 通过窗体输入、修改数据,美化窗体</td></tr>
<tr><td colspan="2">学习内容</td><td colspan="3">教学方法和建议</td></tr>
<tr><td colspan="2">1. 窗体的作用和分类
2. 创建窗体
3. 窗体的控件
4. 使用窗体处理数据
5. 子窗体的设计</td><td colspan="3">引导式教学法、情境教学法、任务驱动教学法</td></tr>
<tr><td colspan="2">工具与媒体</td><td>学生已有基础</td><td colspan="2">教师所需要的执教能力</td></tr>
<tr><td colspan="2">电脑机房、投影仪、机房控制软件</td><td>熟悉表的创建、查询的创建</td><td colspan="2">Access 基本知识和基本操作技能</td></tr>
</table>

表 5.14　学习情境五描述

<table>
<tr><td>学习情境名称</td><td colspan="2">打印需要的数据信息</td><td>学时数</td><td>4</td></tr>
<tr><td>学习目标</td><td colspan="4">1. 掌握报表的组成结构
2. 掌握向导和设计视图创建报表的方法
3. 掌握主要报表控件的用法
4. 掌握子报表的设计方法</td></tr>
<tr><td colspan="2">学习内容</td><td colspan="3">教学方法和建议</td></tr>
<tr><td colspan="2">1. 报表概述
2. 创建报表
3. 编辑报表
4. 报表排序和分组
5. 子窗体的设计</td><td colspan="3">引导式教学法、情境教学法、任务驱动教学法</td></tr>
<tr><td colspan="2">工具与媒体</td><td>学生已有基础</td><td colspan="2">教师所需要的执教能力</td></tr>
<tr><td colspan="2">电脑机房、投影仪、机房控制软件</td><td>熟悉表的创建、查询的创建、窗体的创建</td><td colspan="2">Access 基本知识和基本操作技能</td></tr>
</table>

表 5.15 学习情境六描述

<table>
<tr><td>学习情境名称</td><td colspan="2">让计算机帮助我们做简单的事</td><td>学时数</td><td>4</td></tr>
<tr><td>学习目标</td><td colspan="4">1. 了解宏的基本概念,学习宏的基本知识
2. 掌握宏、宏组和条件宏的建立和修改方法
3. 掌握宏的应用
4. 了解常用的宏操作</td></tr>
<tr><td>学习内容</td><td colspan="4">教学方法和建议</td></tr>
<tr><td>1. 宏的功能
2. 建立宏
3. 通过事件触发宏
4. 宏操作简介</td><td colspan="4">引导式教学法、情境教学法、任务驱动教学法</td></tr>
<tr><td>工具与媒体</td><td>学生已有基础</td><td colspan="3">教师所需要的执教能力</td></tr>
<tr><td>电脑机房、投影仪、机房控制软件</td><td>熟悉表的创建、查询的创建、窗体的创建、报表的创建</td><td colspan="3">Access 基本知识和基本操作技能</td></tr>
</table>

表 5.16 学习情境七描述

<table>
<tr><td>学习情境名称</td><td colspan="2">让计算机帮助我们做复杂的事</td><td>学时数</td><td>10</td></tr>
<tr><td>学习目标</td><td colspan="4">1. 了解模块的基本概念
2. 掌握 VBA 设计基础知识
3. 掌握模块的创建方法
4. 掌握在窗体和报表中调用模块的方法</td></tr>
<tr><td>学习内容</td><td colspan="4">教学方法和建议</td></tr>
<tr><td>1. 模块的基础知识
2. VBA 程序设计基础
3. VBA 流程控制语句
4. 模块的创建</td><td colspan="4">引导式教学法、情境教学法、任务驱动教学法</td></tr>
<tr><td>工具与媒体</td><td>学生已有基础</td><td colspan="3">教师所需要的执教能力</td></tr>
<tr><td>电脑机房、投影仪、机房控制软件</td><td>熟悉表的创建、查询的创建、窗体的创建、报表的创建和宏的创建</td><td colspan="3">VBA 程序设计能力和基本操作技能</td></tr>
</table>

表 5.17　学习情境八描述

<table>
<tr><td>学习情境名称</td><td colspan="3">教学管理系统集成</td><td>学时数</td><td>8</td></tr>
<tr><td>学习目标</td><td colspan="5">1. 掌握前面 6 个对象的相互关联
2. 掌握将各对象组织在一起的方法</td></tr>
<tr><td colspan="2">学习内容</td><td colspan="4">教学方法和建议</td></tr>
<tr><td colspan="2">1. 教学管理系统中表的设计
2. 查询的设计
3. 用户界面的设计
4. 报表的设计
5. 宏和代码的设计</td><td colspan="4">情境教学法、任务驱动教学法、项目式教学法</td></tr>
<tr><td colspan="2">工具与媒体</td><td colspan="2">学生已有基础</td><td colspan="2">教师所需要的执教能力</td></tr>
<tr><td colspan="2">电脑机房、投影仪、机房控制软件</td><td colspan="2">熟悉表的创建、查询的创建、窗体的创建、报表的创建和宏的创建</td><td colspan="2">VBA 程序设计能力和基本操作技能</td></tr>
</table>

表 5.18　学习情境九描述

<table>
<tr><td>学习情境名称</td><td colspan="3">数据库管理和安全</td><td>学时数</td><td>4</td></tr>
<tr><td>学习目标</td><td colspan="5">1. 掌握数据库密码的设置方法
2. 了解数据库加密与解密操作
3. 了解数据库备份与还原操作</td></tr>
<tr><td colspan="2">学习内容</td><td colspan="4">教学方法和建议</td></tr>
<tr><td colspan="2">1. 数据库的安全
2. 用户级安全
3. 维护数据库</td><td colspan="4">引导式教学法、情境教学法、任务驱动教学法</td></tr>
<tr><td colspan="2">工具与媒体</td><td colspan="2">学生已有基础</td><td colspan="2">教师所需要的执教能力</td></tr>
<tr><td colspan="2">电脑机房、投影仪、机房控制软件</td><td colspan="2">熟悉表的创建、查询的创建、窗体的创建、报表的创建、宏的创建和 VBA 程序设计</td><td colspan="2">VBA 程序设计能力和数据库本操作技能</td></tr>
</table>

表 5.19 学习情境十描述

<table>
<tr><td>学习情境名称</td><td colspan="2">数据库系统实例</td><td>学时数</td><td>8</td></tr>
<tr><td>学习目标</td><td colspan="4">1. 了解软件系统的开发过程
2. 根据用户需求,设计合适的数据表结构
3. 在用户需求的基础上设计合理的窗体、报表等对象
4. 把建立好的各对象组织在一起,成为一个完整的应用系统</td></tr>
<tr><td>学习内容</td><td colspan="4">教学方法和建议</td></tr>
<tr><td>1. 图书管理系统
2. 应用程序集成
3. 设置打开数据库的密码
4. 发布系统文件</td><td colspan="4">情境教学法、任务驱动教学法、项目式教学法</td></tr>
<tr><td>工具与媒体</td><td>学生已有基础</td><td colspan="3">教师所需要的执教能力</td></tr>
<tr><td>电脑机房、投影仪、机房授课控制软件</td><td>熟悉表的创建、查询的创建、窗体的创建、报表的创建、宏的创建、VBA 程序设计和数据库的管理和安全</td><td colspan="3">数据库系统开发能力、VBA 程序设计能力和基本操作技能</td></tr>
</table>

4. 课程实施

(1) 教材选用

① 推荐教材

教育部考试中心. 全国计算机等级考试二级教程:Access 数据库程序设计[M]. 北京:高等教育出版社,2013.

② 参考资料

苏传芳. Access 数据库程序设计教程[M]. 北京:高等教育出版社,2015.

(2) 教学方法建议

① 教学方法:教学以学生为主体,帮助学生树立终身学习的理念,把如何学会自学融入到教学当中,教会学生通读并熟练掌握教材。针对具体的教学内容和教学过程,使用以下 4 种教学方法:引导式教学法、情境教学法、任务驱动教学法、项目驱动教学法。其中引导式教学法和情境教学法主要适用于数据库基本知识点的理论教学;任务驱动教学法主要适用于实践教学,使学生在完成任务的过程中达到理解学科知识、掌握学科技能的目的;项目驱动教学法主要适用于对课程知识的整体认知和综合应用。4 种方法各适用于教学的不同阶段和环节,将 4 种方法合理结合运用可以大大提高面向对象数据库程序设计的教学效果。

② 教学设备和设施:多媒体课件教学设备、电脑机房、机房授课控制软件。

(3) 考核办法和成绩评定标准

① 要求上课按时、不迟到、不缺课,通过学生的到课情况进行考核;

② 要求上课认真听讲,通过提问、学生演示等学生的表现情况进行考核;

③ 要求认真独立完成每次布置的实训作业,当堂交送,当场进行考核评分;

④ 要求完成教材上每章后面的书面作业,涉及基本知识和概念等,直接在相关的习题与实验指导中完成,通过检查完成情况进行;

⑤ 期末举行上机考核,内容包括理论知识考核的选择题和操作技能的操作题,现场由机器评分;

⑥ 总评成绩:过程考核(素质考核+听课考核+实操考核)70%+期末考核30%(上机考核),如表 5.20 所示。

表 5.20　总评成绩

考核方式	过程考核(项目考核)70%			期末考核30%(上机考核)
	素质考核(根据课程情况调整)	听课考核(根据课程情况调整)	实操考核(根据课程情况调整)	
	10 分	20 分	40 分	30 分
考核实施	由主讲教师、班长共同根据学生到课情况和表现考核	主讲教师根据学生上课时回答老师的提问及书后习题完成情况考核	由主讲教师根据学生每次实训项目操作情况考核	教务处组织实施
考核标准				

(4) 课程资源开发与利用

① 学习资料资源

教材、学习参考书、实训指导设计。

② 信息化教学资源

多媒体课件、多媒体素材、视频教学、电子图书和专业网站的开发与利用。

(三) C 语言程序设计课程标准

课程编码:C033102

课程类别:职业核心技术模块

适用专业:计算机应用技术

开设学期:第二学期

学时:80

授课单位:工程科技学院

1. 课程定位与课程设计

(1) 课程性质与作用

C语言程序设计是计算机应用技术专业核心课程。本课程培养学生程序设计能力,通过教学使学生掌握程序设计概念、理论,掌握顺序程序设计、分支程序设计、循环程序设计方法;具备使用 Win-TC 输入、编辑、调试、运行程序的技能,为应用C语言解决工作中的实际问题打好基础、为后续课程的学习打好基础。

C语言程序设计前导课程是计算机操作技术;后续课程有数据库应用、数据结构与操作系统、应用系统开发等。

(2) 课程基本理念

课程教学以高职计算机应用技术专业特色为依据,以提升学生就业质量为导向,以知识应用为目标,充分体现理实结合、知识点与工作任务点结合、技能训练与任务实施结合。课程教学内容的取舍以提升学生职业能力、素质,以符合职业资格标准的需要为目标。课程采用案例加任务驱动教学模式,注重培养学生的程序设计技能和知识综合应用能力。

(3) 课程设计思路

C语言程序设计课程设计遵循"实用第一原则",注重凸显知识实用性,突出"三实用"特点——课程实用、听得实用、练得实用。

"实用第一原则"教学设计重点之一是设计好第一课,让学生从第一课开始就能认识到课程内容有用、实用,认识到课程的知识可以帮助他们解决实际问题,激起他们的学习欲望。教学设计第二个重点是将"实用第一原则"贯穿教学始终,让学生感受"听得实用",每一节课都能集中学生的注意力。第三个重点是实训任务设计,"实用第一原则"体现在每一个实训任务里。

单元教学设计需要突出每节课内容实用。做到"听得实用"需要将单元教学设计与实际问题的提出与解决相关,让学生看到正在学习的知识之应用价值,感受到所听的内容是有用的。

实训课设计做到每个实训题有针对性,让学生在实训过程中体验到正在用所学知识解决实际问题,做得实用。

2. 课程培养目标

(1) 知识性目标

通过本课程的学习,使学生熟悉C语言中的基本概念和语法规则,学会 Win-TC 集成开发环境的使用,了解C语言的特点,掌握数据类型和表达式的应用和顺序程序设计、分支程序设计、循环等程序设计,控制语句、数组、函数应用等内容。

(2) 技能性目标

掌握C语言数据类型、表达式及几种重要的程序控制语句,具有灵活运用的能力;具备用C语言编写简单程序、调试程序的能力;具备分析问题、用C语言编写程序解决实际问题的能力。

(3) 情感性目标

具有良好的社会责任感、工作责任心,能主动参与到工作中;具有良好的沟通能力和团队协作能力;具有良好的职业道德,具有较强的质量意识、经济意识以及安全意识。

3. 课程内容与教学要求

(1) 课程内容

课程内容如表 5.21 所示。

表 5.21　课程内容

学习情境		子情境	参考学时
情境名称	情境描述		
我来学指挥	汽车按交通指挥的指令前行,计算机是由程序自动控制的电子设备,按程序指令工作。指挥计算机,需要程序设计的本领,初识 C 语言及 C 程序,为指挥计算机做好准备	1. C 语言及 C 程序的结构 2. C 程序编辑调试运行	4
与 C 程序亲密接触	驾驶汽车需要了解汽车的性能、基本构件及操作要求,掌握驾驶技术。让计算机执行程序如同驾驶汽车。深入了解程序构成及各个部件的操作标准,为使用 C 语言设计程序做好准备	1. C 程序的构成和格式 2. 正确使用常量、变量、表达式	4
从上到下直行向前	C 程序执行部分由一系列语句组成,计算机执行时可以有不同的次序,按照从上到下顺序逐条执行语句的程序是顺序结构,如同开车直行向前。编写顺序结构程序,让计算机直行向前	1. 正确输出数据、输入数据 2. 编写顺序结构程序实战	6
分流路口的选择	车至分流路口,需要根据限制条件选择适合自己的路才能到达终点。程序中也能让计算机根据条件判断,条件为真执行一个语句块,条件假时执行另一语句块。设计分支结构程序,让计算机在分流路口正确选择	1. 分流路标(条件)设置 2. 带条件的选择结构 3. 分支结构程序设计实战	8

续表

学习情境		子情境	参考学时
情境名称	情境描述		
绕环岛跑，听命令停	绕环岛一圈，相当于执行一次语句块，跑多圈，就是执行多次该语句块。被重复执行的语句块称为循环体。使用for语句或while语句控制计算机重复执行循环体	1. 使用while语句控制循环 2. 使用for语句控制循环	12
非标配件自己造	装配汽车需要组合标准配件，特型汽车的非标配件需单独制造。库函数如同标准配件，当库函数不能满足用户的特殊需要时，需要用户自己定义函数。自定义函数，制造非标配件	1. 定义满足用户特殊要求的函数 2. 调用用户定义的函数	10
按房间号找人	计算机内存如同一个个单人间，按房间号找到房间即可见到住在里面的人。一个变量实际上代表了内存中的某个单元，指针变量存放存储单元的地址，使用指针变量存取存储单元中的数据	1. 指针变量的定义与赋值 2. 对指针变量的操作 3. 函数之间地址值的传递	10
对100个随机数按从大到小顺序排序输出	由计算机自动产生的100个随机数，类型相同，应用数组可以当做一个整体，存放在连续的存储单元中。使用最简单的构造类型数组，处理大批量的同类型数据，解决复杂的数据排序程序设计问题	1. 一维数组的定义和数组元素的引用 2. 二维数组的定义和数组元素的引用 3. 使用数组设计排序程序实战 4. 数组应用	10
存储并访问学生基本信息	学生基本信息数据复杂，包括学号、姓名、年龄、出生日期等内容，没有一种数据类型满足要求。构造能够包含以上内容的数据类型存储学生基本信息，使用学生信息表访问学生数据	1. 结构体类型的说明与变量、数组、指针定义 2. 结构体变量的赋值与数据引用	8
使用文件中的数据	为永久保存数据，将数据集合存储的外部介质上，形成文件。操作文件，使用其中的数据	1. 文件及文件指针 2. 文件的操作 3. 程序设计实战	8

(2) 学习情境规划和学习情境设计

学习情境规划和学习情境设计如表 5.22～表 5.31 所示。

表 5.22　学习情境一描述

<table>
<tr><td colspan="2">学习情境名称</td><td colspan="3">我来学指挥</td><td>学时数</td><td>4</td></tr>
<tr><td>学习目标</td><td colspan="6">1. 了解程序与程序设计基本理论
2. 了解算法概念
3. 了解结构化程序设计和模块化结构
4. 掌握 C 程序编辑、运行方法</td></tr>
<tr><td colspan="3">学习内容</td><td colspan="4">教学方法和建议</td></tr>
<tr><td colspan="3">1. 了解程序与程序设计基本概念
2. 了解算法概念与特性
3. 记住结构化程序的三种基本结构
4. 了解流程图基本符号,能够识图
5. 掌握 Win-TC 环境的使用方法</td><td colspan="4">案例展示、讲解、示范操作、给定程序的输入、编辑、运行练习、模拟训练</td></tr>
<tr><td colspan="2">工具与媒体</td><td colspan="2">学生已有基础</td><td colspan="3">教师所需要的执教能力</td></tr>
<tr><td colspan="2">电脑机房、投影仪、机房控制软件</td><td colspan="2">设计类软件操作技能</td><td colspan="3">具备程序设计能力和计算机操作能力</td></tr>
</table>

表 5.23　学习情境二描述

<table>
<tr><td colspan="2">学习情境名称</td><td>与 C 程序亲密接触</td><td>学时数</td><td>4</td></tr>
<tr><td>学习目标</td><td colspan="4">1. 熟知 C 程序的构成和格式
2. 会正确使用标识符、常量和变量
3. 掌握常用数据类型
4. 掌握算术表达式与赋值表达式</td></tr>
<tr><td colspan="3">学习内容</td><td colspan="2">教学方法和建议</td></tr>
<tr><td colspan="3">1. 掌握 C 程序的构成,重点是函数格式
2. 掌握常量与变量的概念,掌握标识符的命令规则
3. 掌握整型数据、实型数据的特点和使用
4. 掌握算术表达式和赋值表达式的运算规律和基本使用方法;掌握自增和自减运算</td><td colspan="2">案例展示、讲解、示范操作、给定程序的输入、编辑、运行练习、模拟训练、正确写出表达式、正确选择数据类型任务完成</td></tr>
</table>

续表

工具与媒体	学生已有基础	教师所需要的执教能力
电脑机房、投影仪、机房控制软件	Win-TC编辑软件、其他设计类软件操作技能	C语言知识和基本操作技能

表5.24 学习情境三描述

学习情境名称		从上到下直行向前	学时数	6
学习目标	1. 掌握赋值语句 2. 掌握输入、输出函数格式和用法 3. 掌握顺序结构程序的编写方法 4. 掌握程序的编辑和调试方法			
学习内容		教学方法和建议		
1. 赋值语句 2. 数据输出 3. 数据输入 4. 特殊语句 5. 程序设计举例		顺序结构程序案例展示、讲解、示范操作、给定程序的输入、编辑、运行练习、模拟训练、顺序程序设计与调试任务完成		
工具与媒体		学生已有基础	教师所需要的执教能力	
电脑机房、投影仪、机房控制软件		Win-TC编辑软件、其他设计类软件操作技能	C语言知识、程序设计能力、和基本操作技能	

表5.25 学习情境四描述

学习情境名称		分流路口的选择	学时数	8
学习目标	1. 掌握关系运算、逻辑运算规则及逻辑表达式 2. 掌握各种运算的优先级 3. 掌握if语句及分支结构 4. 掌握switch、break及其构成的选择结构 5. 掌握分支程序的编制方法 6. 能够应用分支结构解决实际问题			

续表

学习内容		教学方法和建议
1. 关系运算、逻辑运算 2. if 语句及对应的选择结构 3. switch 语句、break 语句及对应的选择结构 4. 通过“找出任意三个数中的最大数”“求分支函数的值”等问题,让学生灵活的理解并运用选择结构程序设计的思想		选择结构程序案例展示、讲解、示范操作、选择结构程序设计与调试任务完成
工具与媒体	学生已有基础	教师所需要的执教能力
电脑机房、投影仪、机房控制软件	Win-TC 编辑软件、其他设计类软件操作技能	C 语言知识、选择程序设计能力和基本操作技能

表 5.26　学习情境五描述

学习情境名称	绕环岛跑,听命令停	学时数	12
学习目标	1. 掌握循环条件的设定方法 2. 掌握 for 语句、while 语句的用法 3. 掌握 break 语句与 continue 语句的用法 4. 掌握循环程序设计方法 5. 应用循环结构解决实际问题		
学习内容		教学方法和建议	
1. while 语句及循环结构 2. for 语句及循环结构 3. 通过“找素数”“打印水仙花数”“斐波拉契数列”以及其他各种各样的循环案例对循环基本知识加以讲解,同时分析各种循环问题的思路,介绍相关算法		循环结构程序案例展示、讲解、示范操作、循环结构程序设计与调试任务完成	
工具与媒体	学生已有基础	教师所需要的执教能力	
电脑机房、投影仪、机房控制软件	Win-TC 编辑软件、其他设计类软件操作技能	C 语言知识、循环程序设计能力和基本操作技能	

表 5.27　学习情境六描述

<table>
<tr><td colspan="2">学习情境名称</td><td colspan="2">非标配件自己造</td><td>学时数</td><td>10</td></tr>
<tr><td>学习目标</td><td colspan="5">1. 库函数的使用方法
2. 掌握函数的概念、定义和调用的方法
3. 掌握函数嵌套调用的方法
4. 掌握函数的形式参数和实际参数以及函数调用时的参数传递
5. 定义并使用函数实际模块化程序</td></tr>
<tr><td colspan="2">学习内容</td><td colspan="4">教学方法和建议</td></tr>
<tr><td colspan="2">1. 库函数
2. 函数的定义和调用
3. 函数说明
4. 数据传递</td><td colspan="4">函数应用案例展示、讲解、示范操作、函数定义与调用任务完成</td></tr>
<tr><td colspan="2">工具与媒体</td><td>学生已有基础</td><td colspan="3">教师所需要的执教能力</td></tr>
<tr><td colspan="2">电脑机房、投影仪、机房控制软件</td><td>Win-TC 编辑软件、其他设计类软件操作技能</td><td colspan="3">C 语言知识、程序设计能力和基本操作技能</td></tr>
</table>

表 5.28　学习情境七描述

<table>
<tr><td colspan="2">学习情境名称</td><td colspan="2">按房间号找人</td><td>学时数</td><td>10</td></tr>
<tr><td>学习目标</td><td colspan="5">1. 了解变量的地址和指针概念
2. 掌握指针变量的定义方法
3. 掌握指针变量的赋值与操作方法
4. 掌握指针变量在程序设计中的应用</td></tr>
<tr><td colspan="3">学习内容</td><td colspan="3">教学方法和建议</td></tr>
<tr><td colspan="3">1. 变量的地址和指针
2. 指针变量的定义和基类型
3. 指针变量的赋值与操作</td><td colspan="3">地址和指针应用案例展示、讲解、示范操作、正确应用指针类型的任务完成</td></tr>
<tr><td colspan="2">工具与媒体</td><td colspan="2">学生已有基础</td><td colspan="2">教师所需要的执教能力</td></tr>
<tr><td colspan="2">电脑机房、投影仪、机房控制软件</td><td colspan="2">Win-TC 编辑软件、其他设计类软件操作技能</td><td colspan="2">C 语言知识、程序设计能力和基本操作技能</td></tr>
</table>

表5.29　学习情境八描述

<table>
<tr><td>学习情境名称</td><td colspan="2">对100个随机数按从大到小顺序排序输出</td><td>学时数</td><td>10</td></tr>
<tr><td>学习目标</td><td colspan="4">1. 掌握一维数组的定义和使用
2. 掌握字符串的使用和字符串函数的应用
3. 理解二维数组的定义和使用
4. 掌握数组在复杂程序中的应用方法</td></tr>
<tr><td colspan="2">学习内容</td><td colspan="3">教学方法和建议</td></tr>
<tr><td colspan="2">通过“同种数据类型序列排序问题”以及各种“排序算法”(比如冒泡排序、选择排序、快速排序等)了解数组,学会在程序中正确使用数组解决较复杂的程序设计问题,数组提供了对数据集合操作的平台</td><td colspan="3">数组应用程序案例展示、讲解、示范操作、应用数组完成排序、查找等程序设计任务</td></tr>
<tr><td>工具与媒体</td><td colspan="2">学生已有基础</td><td colspan="2">教师所需要的执教能力</td></tr>
<tr><td>电脑机房、投影仪、机房控制软件</td><td colspan="2">Win-TC编辑软件、其他设计类软件操作技能</td><td colspan="2">C语言知识、选择程序设计能力和基本操作技能</td></tr>
</table>

表5.30　学习情境九描述

<table>
<tr><td>学习情境名称</td><td colspan="2">存储并访问学生基本信息</td><td>学时数</td><td>8</td></tr>
<tr><td>学习目标</td><td colspan="4">1. 学会用typedef说明新的类型名
2. 掌握结构体类型说明;结构体变量、数组定义和赋值
3. 结构体变量中数据的引用
4. 掌握位运算规则</td></tr>
<tr><td>学习内容</td><td colspan="4">教学方法和建议</td></tr>
<tr><td>1. 用户自定义类型
2. 结构体类型
3. 位运算</td><td colspan="4">结构体和用户定义类型案例展示、讲解、示范操作、给定程序的输入,程序中正确定义结构体和用户定义类型任务完成</td></tr>
<tr><td>工具与媒体</td><td colspan="2">学生已有基础</td><td colspan="2">教师所需要的执教能力</td></tr>
<tr><td>电脑机房、投影仪、机房控制软件</td><td colspan="2">Win-TC编辑软件、其他设计类软件操作技能</td><td colspan="2">C语言知识、应用结构体进行程序设计能力和基本操作技能</td></tr>
</table>

表 5.31 学习情境十描述

<table>
<tr><td>学习情境名称</td><td>使用文件中的数据</td><td>学时数</td><td>8</td></tr>
<tr><td>学习目标</td><td colspan="3">1. 掌握文件及文件指针概念
2. 掌握文件的操作命令
3. 存取文件中的数据</td></tr>
<tr><td>学习内容</td><td colspan="3">教学方法和建议</td></tr>
<tr><td>1. 文件及文件指针概念
2. 文件操作</td><td colspan="3">文件应用案例展示、讲解、示范操作、文件基本操作任务完成</td></tr>
<tr><td>工具与媒体</td><td>学生已有基础</td><td colspan="2">教师所需要的执教能力</td></tr>
<tr><td>电脑机房、投影仪、机房控制软件</td><td>Win-TC 编辑软件、其他设计类软件操作技能</td><td colspan="2">C语言知识、应用结构体进行程序设计能力和基本操作技能</td></tr>
</table>

4. 课程实施

(1) 教材选用与编写建议

① 推荐教材

教育部考试中心. C语言程序设计[M]. 北京:高等教育出版社,2013.

② 教学参考资料

谭浩强. C语言程序设计试题汇编[M]. 北京:中国铁道出版社,2013.

(2) 教学方法建议

建议应用“实用第一原则”实施教学。

① 用“实用第一原则”上好第一课,传递“课程实用”

上好第一课,是课程成败的重要环节。建议用实际生活中与学生密切相关的C语言应用事例作为案例,说明C语言的重要性,让学生感受到C语言就在自己的生活中,激起学生对课程足够的兴趣、感受课程知识的魅力,向他们传递“课程实用”信息,激发他们主动探究C语言,学习C语言知识的积极性。

② “实用第一原则”贯穿教学始终

“实用第一原则”教学需要把知识的实用价值在每一教学单元都有体现,贯穿教学始终。做到“实用第一原则”贯穿教学始终的关键是每单元的教学内容都有对应知识点的应用展示。每单元的教学设计都必须根据教学内容与教学目标,精心选取或编制与教学内容密切相关的C语言程序教学案例,通过多媒体教学环境展示案例的功能,突出所教知识的实用价值,引起学生学习兴趣,有针对性地设置与本单元教学内容相关的问题,指出解决问题所涉及的知识点,进一步强调知识的实用价值,激发学生学习欲望,教师紧扣知识点教学。

③“实用第一原则”设计并开展实训

应用“实用第一原则”设计实训课,分解相关的实训任务,做到使每一项实训任务跟实际问题联系起来,完成一项任务就能够解决一个问题或一部分问题。实训过程按任务驱动方式进行,教师将设计好的实训任务发布给每一个学生,学生根据实训任务的要求,使用课堂所学知识依次完成每项实训任务,学生在做的过程中能够体验到正在使用所学知识解决实际问题,体验到“做得实用”。注意实训任务不仅要与实际问题相关,还要与课堂教学内容知识相关,任务多少适量、具有可操作性;教师必须参与学生实训过程,巡回指导,及时发现问题并启发思路,使学生在做的过程中掌握相关的知识和技能,完成实训任务,逐步解决问题;教师反馈与及时评价环节不能少。及时的信息反馈和评价能够提升学生的成就感,培养学生应用知识的意识和使用所学知识解决实际问题的习惯,强化对所学知识的理解和记忆。

(3) 教学评价、考核要求

教学评价和考核中全面贯彻能力本位的理念,要求课程考核分三部分进行:平时考核、实践考核、综合考核(期末),即课程的成绩侧重平时各学习情境的过程成绩,注重过程考核。实践成绩、平时成绩、期末成绩按 3∶3∶4 的比例计算,即:

学期教学评价=平时考核×30% +实践考核×30%+综合考核×40%

(4) 课程资源开发与利用

开发C语言程序设计网站、建立教师与学生沟通通道,扩展教学时空,利用网络教学资源开展教学。建设习题库、试题库、案例库、学生作品库、微课视频库等,为学生学习提供可参考案例。利用国家精品课共享资源辅助教学。

5. 其他说明

(1) 实践任务建议

布置实践任务建议实用第一,以与知识点相关的、学生可以理解的、突出实际应用的、有一定趣味性的(与机器人相关、与单片机控制相关)、可操作性的、内容适当的、难度适量的任务为宜。

(2) 教学环境

理实一体化实训室,配置多媒体设备,安装有 Windows XP 操作系统以及 Win-TC开发环境的计算机、操作资料光盘、学习软件,以及用于上网查阅资料的计算机等。

(四) 计算机网络技术课程标准

课程编码:C132102

课程类别:职业基础技术模块

适用专业:计算机应用技术

开设学期:第二学期

学时:64

授课单位:工程科技学院

1. 课程定位和课程设计

(1) 课程性质与作用

计算机网络技术课程是计算机应用技术专业的职业基础课程,是理论与实践联系比较紧密的课程。本课程在专业人才培养过程中处于基础地位,为学生继续学习网络方面的知识和技术提供支持,在专业人才培养方案中起承前启后的作用。

本课程的前导课程有计算机组装与维护,后继课程有网站管理、信息安全等课程,横向课程有数据库基础。该门课程对培养学生网络工程设计、管理能力、形成学生的职业能力方面具有重要作用。

(2) 课程基本理念

计算机网络技术课程开发遵循就业导向、能力本位思想,以学生为主体,多元智力的学生观,建构主义的学习观和教学观,树立终身学习的理念,突出课程的基础性、实践性和职业性,紧紧盯住产业需求、牢牢贴近一线服务,专业融入产业、规格服从岗位、教学贴近工作实际需求等。

(3) 课程设计思路

计算机网络技术课程的总体设计思路是按照职业课程模式,以能力为主线,以任务引领知识,以生产过程组织教学,以学生为中心,以就业为导向,以能力为本位,以岗位需要和职业标准为依据,满足学生职业生涯发展的需求,邀请行业专家对计算机网络技术所涵盖的岗位群进行任务与职业能力分析的基础上,以职业能力为依据,设计整合课程内容,基于生产过程按序展示教学内容,边学边练。

通过校内外实习基地、工学结合、校企合作等形式多样的人才培养模式来组织教学,在真情实景或模拟实景条件下为学生提供丰富的实践机会,使学生更好地掌握网络搭建与管理的技能,提高学生解决实际工作问题的能力。

课程的基本理论部分以“必须,够用”为度,为后续课程教学服务,课程的基本技能部分突出实践内容,以培养学生的实用能力为指导方针,采用“项目导向+案例分析+角色扮演+分组讨论+现场教学”的教学方法,引导学生在实践动手中学习理论。

2. 课程目标

计算机网络技术课程是计算机应用技术专业学生的一门重要的基础课程,本课程的目的是普及学生的计算机网络基础知识,掌握计算机网络领域的相关技术,学会组网、建网等技术,满足计算机网络建网、管网人员的岗位需求。通过课程教学,学生应当在态度、知识和技能层面均达到以下目标。

(1) 情感与态度目标

通过本课程的学习,使学生具备一定的理论知识和较强的实际操作能力,具有较强的解决网络问题的能力。使学生具有良好的心理素质和职业道德素质。培养学生勤奋学习、认真负责、耐心细致、严谨求实、善于钻研的工作态度。培养学生良好的团队合作精神和创新开拓精神。培养学生吃苦耐劳的品质和坚韧的意志。

(2) 知识和技能目标

理解网络的体系结构及分层原则。掌握局域网标准以及局域网的介质访问控制机制。理解子网划分的原则。能进行网络传输介质制作及选取方法。会简单局域网的组建与配置。掌握路由器的配置方法。能进行常用网络操作系统的安装与配置。能进行网络工具软件的安装与使用。

3. 课程内容与要求

(1) 课程内容

本门课程的教学内容是基于课程目标来选取的,是基于工作过程和任务驱动来组织的。课程内容分为 6 种情景,按照先认识网络,后分析网络结构的模式设计情景教学,教学内容选取突出实践能力和岗位能力,如表 5.32 所示。

表 5.32 课程内容

学习情境		子情境	参考学时
学习情境名称	情境描述		
认识学生身边计算机网络	网络的认识,网络实训室或校园网网络分析	1. 机房网络的认识 2. 校园网的分析	10
学生宿舍网络组建	学生在学校接触的网络是局域网,分析该网络的组成、特点,总结局域网定义和组建局域的步骤	1. 局域网的分析 2. 局域网的组件	12
网络实训室搭建校园网	简单的局域网 IP 地址设计,校园网构成和地址设计,网络地址转换	1. 单个局域网地址设计 2. 多个局域网互联数据传递	16
网络实训室网络接入校园网	IP 包的传递路径,路由器的基本功能	1. 简单局域网接入因特网 2. 路由器的配置	12
局域网与广域网互联	校园网与外网相连,使用什么设备	1. 路由器的静态路由 2. 路由器的动态路由	10
网络安全技术应用	QQ 和网上银行网络不安全的案例分析和安全防范	1. 网络安全案例分析 2. 网络安全防范	4

(2) 学习情境规划和学习情境设计

学习情境规划和学习情境设计如表 5.33～表 5.38 所示。

表 5.33　学习情境一描述

<table>
<tr><td>学习情境名称</td><td colspan="2">认识学生身边计算机网络</td><td>学时数</td><td>10</td></tr>
<tr><td>学习目标</td><td colspan="4">1. 能掌握网络互联的基本概念和网络互联设备的基本功能、网络类型、网络拓扑、数据交换技术
2. 会区分和选择路由器、交换机等网络设备
3. 能够根据网络结构理解设备的功能情况</td></tr>
<tr><td colspan="2">学习内容</td><td colspan="3">教学方法和建议</td></tr>
<tr><td colspan="2">1. 网络体系结构
2. 网络互联设备选购
3. 数据通信基础
4. 网络的性能指标
5. 简易识别其网络拓扑结构</td><td colspan="3">教学方法:项目教学法、分组教学法
教学手段:多媒体教学、现场教学、视频教学
教学建议:以网络设备为载体,能认识和区别实践的网络设备和不同的网络
考核方式:提问
考核标准:掌握网络互联的概念,能够识别各种网络设备
成绩权重:计入过程考核成绩(占总成绩 20%)</td></tr>
<tr><td colspan="2">工具与媒体</td><td>学生已有基础</td><td colspan="2">教师所需要的执教能力</td></tr>
<tr><td colspan="2">网络实训室的网络设备和多媒体课件</td><td>计算机文化基础和组装维护的网络认识和组件</td><td colspan="2">网络基础知识的深入理解及网络设备在网络中的选用
多种教学手段的选择</td></tr>
</table>

表 5.34　学习情境二描述

<table>
<tr><td>学习情境名称</td><td>学生宿舍网络组建</td><td>学时数</td><td>12</td></tr>
<tr><td>学习目标</td><td colspan="3">1. 掌握网络的接口规范及虚拟局域网的划分
2. 掌握局域网和广域网的链路层标准
3. 掌握以太网交换机的工作原理
4. 掌握双绞线线缆的制作标准
5. 能够搭建局域网,并熟练使用网络工具</td></tr>
</table>

续表

学习内容	教学方法和建议	
1. 网络的接口规范 2. 局域网物理层的规范 3. 局域网技术 4. 网络工具的使用 5. 以太网协议 6. 交换机工作原理 7. 局域网的搭建和网络工具的使用	教学方法:项目教学法、分组教学法 教学手段:多媒体教学、现场教学、视频教学 教学建议,考核方式:实做 考核标准:能够制作双绞线并保证连通性,能够使用网络工具完成任务 成绩权重:计入过程考核成绩(占总成绩20%)	
工具与媒体	学生已有基础	教师所需要的执教能力
网络实训室的网络设备和多媒体课件	网络基础知识和网络设备的区分和选择	局域网的组件组建和管理 多种教学手段的选择

表 5.35　学习情境三描述

学习情境名称	网络实训室搭建校园网	学时数	16
学习目标	1. 能根据网络规划需求进行 IP 寻址的规划 2. 掌握 CIDR 超网的划分 3. 会设置静态 IP 地址		
学习内容	教学方法和建议		
1. IP 寻址 2. 无类域间路由 CIDR 3. 网络层协议 4. TCP/IP 子网规划和CIDR 超网划分	教学方法:项目教学法、分组教学法 教学手段:多媒体教学、现场教学、视频教学 教学建议,考核方式:笔试、实做 考核标准:能够正确划分子网,会设置 IP 地址 成绩权重:计入过程考核成绩(占总成绩25%)		
工具与媒体	学生已有基础	教师所需要的执教能力	
网络实训室网络和校园网和多媒体课件	简单网络组建和组件的步骤	IP 地址规划和子网的划分、多种教学手段的选择	

表 5.36 学习情境四描述

<table>
<tr><td>学习情境名称</td><td colspan="2">网络实训室网络接入校园网</td><td>学时数</td><td>12</td></tr>
<tr><td>学习目标</td><td colspan="4">1. 熟练掌握路由器工作原理
2. 掌握路由器转发数据包的过程、路由表的作用
3. 掌握静态路由和默认路由、动态路由的配置和调试</td></tr>
<tr><td>学习内容</td><td colspan="4">教学方法和建议</td></tr>
<tr><td>1. 路由器转发数据包的基本原理
2. 静态路由、默认路由
3. RIP 协议工作原理和 OSPF 协议的工作原理
5. 配置路由表</td><td colspan="4">教学方法:项目教学法、分组教学法
教学手段:多媒体教学、现场教学、视频教学
教学建议,考核方式:笔试、实做
考核标准:掌握路由器的工作原理(能够正确进行路由器的基本配置),能够正确配置静态和动态路由
成绩权重:计入过程考核成绩(占总成绩 15%)</td></tr>
<tr><td>工具与媒体</td><td>学生已有基础</td><td colspan="3">教师所需要的执教能力</td></tr>
<tr><td>网络实训室网络和校园网和多媒体课件</td><td>网络设计和网络规划</td><td colspan="3">网络设备的配置能力、多种教学手段的选择</td></tr>
</table>

表 5.37 学习情境五描述

<table>
<tr><td>学习情境名称</td><td colspan="2">局域网与广域网互连</td><td>学时数</td><td>10</td></tr>
<tr><td>学习目标</td><td colspan="4">1. 掌握广域网协议的原理及其配置方法
2. 掌握广域网协议配置
3. 会进行 PAP 和 CHAP 认证配置</td></tr>
<tr><td>学习内容</td><td colspan="4">教学方法和建议</td></tr>
<tr><td>1. HDLC 协议原理及配置
2. PPP、MP 协议原理及配置
3. 能理解网络地址转换的过程会配置简单的 NAT
4. 能对 PPP、MP 协议进行配置</td><td colspan="4">教学方法:项目教学法、分组教学法
教学手段:多媒体教学、现场教学、视频教学
教学建议,考核方式:笔试、实做
考核标准:掌握广域网协议的原理,能够正确配置广域网协议和 NAT
成绩权重:计入过程考核成绩(占总成绩 15%)</td></tr>
<tr><td>工具与媒体</td><td>学生已有基础</td><td colspan="3">教师所需要的执教能力</td></tr>
<tr><td>网络设备和多媒体课件</td><td>网络设计和网络规划,R 的相关知识</td><td colspan="3">网络互连和网络互连协议、多种教学手段的选择</td></tr>
</table>

表 5.38 学习情境六描述

<table>
<tr><td>学习情境名称</td><td colspan="3">网络安全技术应用</td><td>学时数</td><td>4</td></tr>
<tr><td>学习目标</td><td colspan="5">1. 知道网络安全是相对,没有绝对的安全
2. 能对单机进行基本的系统安全设置
3. 能做 ARP 攻击防范
4. 网络日程应用防范</td></tr>
<tr><td colspan="2">学习内容</td><td colspan="4">教学方法和建议</td></tr>
<tr><td colspan="2">1. 网络安全的概述
2. 网络安全技术
3. 网络安全防范
4. 网络安全配置</td><td colspan="4">教学方法:项目教学法、分组教学法
教学手段:多媒体教学、现场教学、视频教学
教学建议,考核方式:笔试、实做
考核标准:理解网络安全的相对性,能进行系统和小型网络安全设置
成绩权重:计入过程考核成绩(占总成绩 5%)</td></tr>
<tr><td colspan="2">工具与媒体</td><td colspan="2">学生已有基础</td><td colspan="2">教师所需要的执教能力</td></tr>
<tr><td colspan="2">网络平台和多媒体课件</td><td colspan="2">网络设计和网络规划,和网络组建能力</td><td colspan="2">网络安全设计和配置能力、多种教学手段的选择</td></tr>
</table>

4. 课程实施

(1) 教材选用或编写

高立同,王丽娜,严争.计算机网络基础教程(第 3 版)[M].北京:电子工业出版社,2013.

该教材内容安排适当,水平高,有课件、实训和网络资源,能充分满足高职教学需求。

(2) 教学方法建议

针对具体的教学内容和教学过程需要,如何采用项目教学法、任务驱动法、讲授法、引导文教学法、角色扮演法、案例教学法、情境教学法、实训作业法等。

(3) 教学评价、考核要求

在课程考核方面,着重考核学生的核心职业能力,考核方式采用过程考核与综合考核、课程考核与职业资格鉴定相结合的方式,实施"情境技能考核——项目综合考核——课程最终考核——职业资格鉴定"的评价体系,对学生的职业核心能力进行全面客观的考核。

职业资格鉴定在学生学习完网络设备配置管理课程之后进行。

课程最终考核采用过程考核与综合考核相结合的方式,其中,过程考核占总评的 50%,期末综合考核占总评的 50%。具体如下:

① 过程考核(50%)

情境技能考核按教学情境进行，在课程教学过程中分别对 6 个教学情境进行考核，采用现场操作的方式。教学情境中明确学生每个教学情境应达到的专业技能标准，制定相应的考核标准，主要考核学生在情境实践中运用所学知识、原理解决实际问题的技能和创新能力。

② 综合考核(50%)

$$G_2=X\times50\%+Y\times40\%+Z\times10\%$$

式中，X 是综合实践，Y 是理论考核，Z 是综合设计。

课程结束后进行综合考核。在课程最后一周选择一个中等复杂程度的综合案例项目进行综合考核，采用现场操作、答卷及答辩相结合的形式。

考核采用行业技能鉴定时“应知＋应会”的方式，“应知”考查学生掌握的专业知识，开卷作答，成绩占综合考核成绩比例的 40%；“应会”考查学生具备的职业技能，是教师对学生进行综合技能操作考核及分组局域网设计考核，综合实践占综合考核成绩比例的 50%，局域网综合设计占综合考核成绩比例的 10%。局域网综合设计采用答辩的形式进行考核，通过答辩了解学生掌握设计标准、设计方法、团队合作情况、信息收集能力、文字总结能力、办公软件和 Visio 绘图软件应用能力、语言表达能力。

③ 总成绩

$$G=G_1\times50\%+G_2\times50\%$$

式中，G_1 是过程考核，G_2 是综合考核。

(4) 课程资源开发与利用

① 学习资料资源

教材、实训指导书、华为等相关厂商认证教材。

② 信息化教学资源

多媒体课件、网络课程、多媒体素材、中国思科华为 3COM 微软网络技术社区(http://bbs.56cto.com/index.php)；IT 猫扑网(http://www.itmop.com/)。

5. 其他说明

① 课程教师视情况于期中和期末安排 1～2 次企业参观；鼓励学生课后积极主动完成各训练项目，全部完成者可申请提前操作考核。

② 教学中安排的训练项目可以与职业技能大赛的相关赛题结合，鼓励学生参加课外兴趣小组，团队合作完成训练项目。

③ 建议课程结束后，学生考取 H3CNE 证书。

④ 组织学生到相关企业参观，切身感受企业生产氛围。

⑤ 教师来自企业或任课前到相关企业锻炼 2 个月，熟悉网络搭建、管理到维护的每一项技能，兼具工程人员、工程技术指导、维修工程师、项目经理等多重素质。

⑥ 采用教师观察和学生互评相结合的方式，对学生进行全面、公平、公正、公

开的考核。

⑦ 由训练入手引入相关知识和理论，通过技能训练引出相关概念、网络管理与维护的技巧，体现做中学、学中练的教学思路。

(五) 计算机图像处理课程标准

课程编码：C133103

课程类别：职业核心技术模块

适用专业：计算机应用技术

开设学期：第四学期

学时：90

授课单位：工程科技学院

1. 课程定位和课程设计

(1) 课程性质与作用

计算机图像处理课程是计算机应用技术专业的专业核心课程，同时也是一门实践性很强的课程。本课程主要培养学生平面图像的设计、处理能力，为后续的专业知识的学习和应用做前期准备。

通过本课程的学习，学生掌握使用 Photoshop 平面设计所需的知识和技能，具备利用 Photoshop 进行平面设计、图像处理的能力，可使学生掌握图像处理的基本概念，熟悉 Photoshop 工具的基本使用方法，学会使用 Photoshop 进行图像处理和平面设计的基本技术。

本课程的前导课程 Dreamweaver 网页设计，通过对图像进行处理为网页设计提供适当、美观的背景以及按钮图标等；后续课程 Flash 动画制作，在 Photoshop 的基础上为动画提供图形以及图像。

(2) 课程基本理念

课程教学目标的组织是在“定向对接，工学一体”人才培养模式的理念和方法指导下，以典型项目教学法贯穿课程始终，突出实践教学过程，强化实践教学环节管理，增强实践教学效果。

针对市场需求，以学生为本，选取循序渐进的典型工作项目“学习包”为载体构建学习情境，营造“易学乐学”的学习氛围，培养学生的专业能力、方法能力和社会能力。以学生为中心、工作过程为导向，采用小组化教学，融“教、学、做”为一体，培养学生的职业工作能力、团队协作能力和创新能力。保持课程的开放性，培养学生的可持续发展能力。

(3) 课程设计思路

在进行本课程设计的过程中，要基于以下几个方面的思路：

① 以工作过程为导向的项目教学方法，课程设计将面向工作过程的项目教

学、任务驱动教学、案例教学的教学思想融为一体，并不追求形式上的项目教学、任务驱动教学或案例教学，而是重点体现项目教学法、任务驱动教学法、案例教学法的精神实质。本课程在讲述每个章节时，巧妙设计实践案例，使各个知识点贯穿案例中，强化学生对知识点的理解和掌握。各章讲述完成后，设置综合案例，考查学生综合运用知识的能力及分析问题的能力。

② 坚持以就业为导向，以培养学生职业能力为根本，将提高学生的就业竞争力和综合素质作为课程教学的根本目标。

③ 坚持从教学设计入手，综合考虑与课程相关的各种因素，追求教学效果的系统最优，将各个教学环节作为课程教学系统的一个部分来对待，将本课程的教学作为专业教学中的一个环节来对待，处理好与前导后续课程的关系。

④ 通过不间断的企业调查与毕业生调查和网络调查，确定立足于将职业岗位的能力需求作为课程的教学内容。加快与企业单位的合作，力求企业项目案例、课堂教学的案例、课堂实践的案例循序渐进地同步推进，将知识点嵌入案例中进行讲解、练习、实验，使学生“做中学”“学中做”，逐步掌握所学知识，提高操作技能。

2. 课程目标

课程的总体目标是培养和提高学生们图像处理和广告制作的动手能力、实践能力、分析能力和综合能力。

(1) 工作任务目标

学习 Photoshop 的图像色彩原理、色彩模式的转换以及色调和色彩调整的技巧和操作；会灵活使用 Photoshop 中的各种工具、熟记各种操作快捷键；充分理解图层、通道、路径的基本概念，并会应用；掌握滤镜的功能和使用滤镜制作各种特效的技巧；利用所学习的知识进行图像处理，学生能完成一定数量的上机实践案例。

(2) 职业能力目标

掌握 Photoshop 软件的一些基础的使用方法，应用技巧；掌握 Photoshop 绘图的制作过程，能够使用 Photoshop 软件制作广告、修饰图像等；培养学生的具体应用能力；具备勤劳诚信、善于协作配合、善于沟通交流等职业素养。

3. 课程内容与要求

(1) 课程内容

课程内容如表 5.39 所示。

表 5.39　课程内容

学习情境		子情境	参考学时
情境名称	情境描述		
Photoshop 操作环境	Photoshop 基础知识	图层、图像分辨率、色彩及图像文件格式和菜单栏、工具箱、控制面板的组成及功能	4
我的地盘我做主	图像处理	1. 讲授色彩模型、色彩的设置、修饰工具 2. 讲授选取类工具的使用、色彩范围的使用方法、掌握快速蒙版的使用、编辑选区	10
色彩荟萃	图像色彩	1. 讲授图像色彩调整 2. 讲授图像调整命令、图层调板的组成及设置、图层的基本操作、图层蒙版技术及图层样式	12
巧妙使用历史记录	历史记录	讲授历史记录的使用、历史记录画笔工具的使用、历史记录艺术画笔工具的使用	4
神奇文字	文本制作	讲授文本的输入与属性、文本的编辑、文本的特效处理	6
随心所欲换背景	图像通道的处理	讲授通道的基本操作、选区的保存与载入、应用图像及图像计算	8
妙笔生花	路径及形状工具	讲授利用路径工具创建路径及形状、路径的操作与编辑、形状工具的使用	6
奇妙效果	滤镜工具的使用	重点讲授各种滤镜的使用方法，熟悉各种滤镜的效果	8
动画设计与制作	网页图像与动画制作	重点讲授网页图像的制作、网页图像的优化输出、GIF 动画的制作	8
综合应用	综合实例	制作书籍封面、贺卡、房地产宣传广告等	14

(2) 学习情境规划和学习情境设计

学习情境规划和学习情境设计如表 5.40～表 5.49 所示。

表 5.40 学习情境一描述

<table>
<tr><td colspan="2">学习情境名称</td><td colspan="2">Photoshop 基础知识</td><td>学时数</td><td>4</td></tr>
<tr><td>学习目标</td><td colspan="5">1. 熟悉 Photoshop 的安装与配置,各版本功能区别、及本版新功能
2. 掌握图层、图像分辨率、色彩及图像文件格式
3. 掌握菜单栏、工具箱、控制面板的组成及功能
4. 掌握 Photoshop 的优化及自定义</td></tr>
<tr><td colspan="3">学习内容</td><td colspan="3">教学方法和建议</td></tr>
<tr><td colspan="3">1. 图层、图像分辨率
2. 色彩及图像文件格式和菜单栏、工具箱、控制面板的组成及功能</td><td colspan="3">示范操作、练习、模拟训练</td></tr>
<tr><td colspan="2">工具与媒体</td><td colspan="2">学生已有基础</td><td colspan="2">教师所需要的执教能力</td></tr>
<tr><td colspan="2">电脑机房、投影仪、机房控制软件</td><td colspan="2">设计类软件操作技能</td><td colspan="2">具备 Photoshop 软件知识和基础操作</td></tr>
</table>

表 5.41 学习情境二描述

<table>
<tr><td colspan="2">学习情境名称</td><td colspan="2">我的地盘我做主</td><td>学时数</td><td>10</td></tr>
<tr><td>学习目标</td><td colspan="5">1. 掌握色彩模型的概念
2. 掌握色彩的设置
3. 掌握修饰工具的使用
4. 掌握选取类工具的使用
5. 掌握色彩范围的使用方法
6. 掌握快速蒙版的使用
7. 掌握编辑选区</td></tr>
<tr><td colspan="3">学习内容</td><td colspan="3">教学方法和建议</td></tr>
<tr><td colspan="3">色彩模型、色彩的设置、修饰工具、选取类工具的使用、色彩范围的使用方法、快速蒙版的使用、编辑选区</td><td colspan="3">示范操作、练习、模拟训练</td></tr>
</table>

续表

工具与媒体	学生已有基础	教师所需要的执教能力
电脑机房、投影仪、机房控制软件	设计类软件操作技能	具备 Photoshop 软件知识和熟练使用各种工具的能力

表 5.42　学习情境三描述

<table>
<tr><td colspan="2">学习情境名称</td><td colspan="2">色彩荟萃</td><td>学时数</td><td>12</td></tr>
<tr><td>学习目标</td><td colspan="5">掌握各种色彩调整命令</td></tr>
<tr><td colspan="2">学习内容</td><td colspan="4">教学方法和建议</td></tr>
<tr><td colspan="2">图像调整命令、图层调板的组成及设置、图层的基本操作、图层蒙版技术及图层样式</td><td colspan="4">示范操作、练习、模拟训练</td></tr>
<tr><td colspan="2">工具与媒体</td><td colspan="2">学生已有基础</td><td colspan="2">教师所需要的执教能力</td></tr>
<tr><td colspan="2">电脑机房、投影仪、机房控制软件</td><td colspan="2">设计类软件操作技能</td><td colspan="2">具备 Photoshop 软件知识和熟练使用各种工具的能力</td></tr>
</table>

表 5.43　学习情境四描述

<table>
<tr><td colspan="2">学习情境名称</td><td>巧妙的使用历史记录</td><td>学时数</td><td>4</td></tr>
<tr><td>学习目标</td><td colspan="4">1. 掌握历史记录的使用
2. 掌握历史记录画笔工具的使用
3. 掌握历史记录艺术画笔工具的使用</td></tr>
<tr><td colspan="2">学习内容</td><td colspan="3">教学方法和建议</td></tr>
<tr><td colspan="2">历史记录的使用、历史记录画笔工具的使用、历史记录艺术画笔工具的使用</td><td colspan="3">示范操作、练习、模拟训练</td></tr>
</table>

续表

工具与媒体	学生已有基础	教师所需要的执教能力
电脑机房、投影仪、机房控制软件	设计类软件操作技能	具备 Photoshop 软件知识和熟练使用各种工具的能力

表 5.44　学习情境五描述

<table>
<tr><td colspan="2">学习情境名称</td><td colspan="2">神奇文字</td><td>学时数</td><td>6</td></tr>
<tr><td>学习目标</td><td colspan="5">1. 掌握文本的输入与属性
2. 掌握文本的编辑
3. 掌握文本特效处理</td></tr>
<tr><td colspan="2">学习内容</td><td colspan="4">教学方法和建议</td></tr>
<tr><td colspan="2">文本的输入与属性、文本的编辑、文本的特效处理</td><td colspan="4">示范操作、练习、模拟训练</td></tr>
<tr><td colspan="2">工具与媒体</td><td>学生已有基础</td><td colspan="3">教师所需要的执教能力</td></tr>
<tr><td colspan="2">电脑机房、投影仪、机房控制软件</td><td>设计类软件操作技能</td><td colspan="3">具备 Photoshop 软件知识和熟练使用各种工具的能力</td></tr>
</table>

表 5.45　学习情境六描述

<table>
<tr><td colspan="2">学习情境名称</td><td colspan="2">随心所欲换背景</td><td>学时数</td><td>8</td></tr>
<tr><td>学习目标</td><td colspan="5">1. 掌握通道的基本操作
2. 掌握选区的保存与载入
3. 应用图像及图像计算</td></tr>
<tr><td colspan="2">学习内容</td><td colspan="4">教学方法和建议</td></tr>
<tr><td colspan="2">通道的基本操作、选区的保存与载入、应用图像及图像计算</td><td colspan="4">示范操作、练习、模拟训练</td></tr>
<tr><td colspan="2">工具与媒体</td><td>学生已有基础</td><td colspan="3">教师所需要的执教能力</td></tr>
<tr><td colspan="2">电脑机房、投影仪、机房控制软件</td><td>设计类软件操作技能</td><td colspan="3">具备 Photoshop 软件知识和熟练使用各种工具的能力</td></tr>
</table>

表 5.46　学习情境七描述

<table>
<tr><td>学习情境名称</td><td colspan="2">妙笔生花</td><td>学时数</td><td>6</td></tr>
<tr><td>学习目标</td><td colspan="4">1. 掌握利用路径工具创建路径及形状
2. 掌握路径的操作与编辑
3. 形状工具的使用</td></tr>
<tr><td>学习内容</td><td colspan="4">教学方法和建议</td></tr>
<tr><td>利用路径工具创建路径及形状、路径的操作与编辑、形状工具的使用</td><td colspan="4">示范操作、练习、模拟训练</td></tr>
<tr><td>工具与媒体</td><td>学生已有基础</td><td colspan="3">教师所需要的执教能力</td></tr>
<tr><td>电脑机房、投影仪、机房控制软件</td><td>设计类软件操作技能</td><td colspan="3">具备 Photoshop 软件知识和熟练使用各种工具的能力</td></tr>
</table>

表 5.47　学习情境八描述

<table>
<tr><td>学习情境名称</td><td colspan="2">奇妙效果</td><td>学时数</td><td>8</td></tr>
<tr><td>学习目标</td><td colspan="4">掌握各种滤镜的使用方法,熟悉各种滤镜的效果</td></tr>
<tr><td>学习内容</td><td colspan="4">教学方法和建议</td></tr>
<tr><td>各种滤镜的使用方法,熟悉各种滤镜的效果</td><td colspan="4">示范操作、练习、模拟训练</td></tr>
<tr><td>工具与媒体</td><td>学生已有基础</td><td colspan="3">教师所需要的执教能力</td></tr>
<tr><td>电脑机房、投影仪、机房控制软件</td><td>设计类软件操作技能</td><td colspan="3">具备 Photoshop 软件知识和熟练使用各种工具的能力</td></tr>
</table>

表 5.48 学习情境九描述

<table>
<tr><td colspan="2">学习情境名称</td><td colspan="2">网页图像与动画制作</td><td>学时数</td><td>8</td></tr>
<tr><td>学
习
目
标</td><td colspan="5">1. 掌握网页图像的制作
2. 掌握网页图像的优化输出
3. 掌握 GIF 动画的制作</td></tr>
<tr><td colspan="2">学习内容</td><td colspan="4">教学方法和建议</td></tr>
<tr><td colspan="2">各种滤镜的使用方法，熟悉各种滤镜的效果</td><td colspan="4">示范操作、练习、模拟训练</td></tr>
<tr><td colspan="2">工具与媒体</td><td colspan="2">学生已有基础</td><td colspan="2">教师所需要的执教能力</td></tr>
<tr><td colspan="2">电脑机房、投影仪、机房控制软件</td><td colspan="2">设计类软件操作技能</td><td colspan="2">具备 Photoshop 软件知识和熟练使用各种工具的能力</td></tr>
</table>

表 5.49 学习情境十描述

<table>
<tr><td colspan="2">学习情境名称</td><td colspan="2">综合实例</td><td>学时数</td><td>14</td></tr>
<tr><td>学
习
目
标</td><td colspan="5">综合应用 Photoshop 设计各种广告</td></tr>
<tr><td colspan="2">学习内容</td><td colspan="4">教学方法和建议</td></tr>
<tr><td colspan="2">1. 制作书籍封面
2. 贺卡制作
3. 珠宝首饰广告制作
4. 房地产宣传广告
5. CD 封面
6. 制作网站首页</td><td colspan="4">教师对设计要点进行提示，学生自主操作练习</td></tr>
<tr><td colspan="2">工具与媒体</td><td colspan="2">学生已有基础</td><td colspan="2">教师所需要的执教能力</td></tr>
<tr><td colspan="2">电脑机房、投影仪、机房控制软件</td><td colspan="2">设计类软件操作技能</td><td colspan="2">具备 Photoshop 软件知识和熟练使用各种工具的能力</td></tr>
</table>

4. 课程实施

(1) 教材选用或编写

[美]Adobe 公司. Adobe Photoshop CS5 中文版经典教程[M]. 北京：人民邮电出版社，2013.

该教材内容安排适当、水平高,配套有课件、实训和网络资源,能充分满足高职教学需求。

(2) 教学方法建议

多媒体教学与常规教学结合:利用多媒体教室教学,能够增加学生的感性认识,激发学生的学习兴趣,上机操作教师示范,本课程的教学采用多媒体教学,上课时教师利用课件教学。

在教学模式上,本课程在教学过程中以学生为中心,针对学生的认知特点和不同的教学内容,采用双主教学模式,实施分层分组项目教学法,积极改进教学模式,优化教学效果。

双主教学模式即在课堂上采取了"项目驱动"的教学方法来实现学生的主体性。所谓"项目驱动",就是给学生一个项目让其自主完成,在其完成的过程中给予必要指导,通过这种方式既体现了教师的主导性,又发挥了学生的主观能动性,体现了其主体地位,又符合计算机基础课的操作性强的特点,增强了其动手能力。为了更好地提高学生的学习积极性,在实施项日教学时,根据学生接受知识的能力和实际操作能力的强、弱,对学生进行分组,并给出适合其学习能力的实践案例。这种教学可提高学生对自己学习的认知度,从而增强学习的自信心。

(3) 教学评价、考核要求

本课程的考核应注重过程性评价、成长性评价,注重实际操作能力的考核。建议采用学生自评、互评、教师评价相结合,过程与结果相结合的评价方式,全面客观的评价学生的成长与发展。建议采用的评价标准如下:

Photoshop 考核可以由两个部分构成:第一部分为学习情境项目完成情况,即学生对老师给出实例的完成情况的详细记录。根据完成情况给定分数算平时成绩。第二部分为考核成绩,即学生在最后学期考核中的成绩。Photoshop 最后的考核建议为上机考核,建议最后加上自主创作题(给定创作的主题和素材,让学生自由发挥并配上创作说明)。

各个学习情境成绩的评定主要考虑每个学习情境中,学习任务制作中本单元的技术掌握、操作实现、作业提交等情况,评价内容主要包括学习态度、技能水平、熟练程度、艺术表现力、知识掌握程度,即从"会、熟、快、美"四个方面进行评价;学期结束的期末考试主要考评综合作品的实现质量、创意水平,以及对本门课程的设计流程、实践技能、自主学习能力的综合考查。

学期教学评价=平时成绩×30% +考核成绩×60%+出勤情况×10%

(4) 课程资源开发与利用

开发适合教师与学生使用的多媒体教学素材和辅导学生学习的多媒体教学课件。

要充分利用网络资源,搭建网络课程平台,开发网络课程,实现优质教学资源共享。

积极利用数字图书馆、电子期刊、电子书籍，使教学内容更多元化，以此拓展学生的知识和能力。

充分利用信息技术开放实训中心，将教学与培训合一，将教学与实训合一，满足学生综合能力培养的要求。另外将相关的网络资源和参考用书及时介绍给学生，进一步扩大学生的知识面，补充了课堂教学，扩大了学生的视野，同时学生还能进行个性化自主学习。如：

网易学院：photoshop 专区。http://tech.163.com/school.html/photoshop/。

中国 Photoshop 联盟：http://www.photoshopcn.com。

中国设计网：http://www.cndesign.com。

（六）ASP.NET 技术基础课程标准

课程编码：C133104

课程类别：职业核心技术模块

适用专业：计算机应用技术

开设学期：第三学期

学时：64

授课单位：工程科技学院

1. 课程定位和课程设计

（1）课程性质与作用

ASP.NET 技术基础课程是在校企合作基础上开发的基于工作过程的课程，也是计算机应用技术专业核心技术课程。它既是计算机学科中提升学生综合运用专业知识能力的专业核心主干课程，也是培养学生职业综合能力和岗位技能的岗前训练课程。通过有目的、有步骤地实施以任务驱动的项目教学，在培养学生自主学习、团结协作能力基础上，重点培养学生的创新思维和解决问题的方法，锻炼学生通过自主学习掌握工作思路与方法的能力，切实提高学生的职业技能、创新意识和处理实际问题的方法和综合素质。

本课程是网页设计与制作、数据库应用等课程的后续课程，通过本课程的学习，使学生能够进行 WEB 开发环境构建、WEB 编程、数据库信息访问、WEB 安全配置、WEB 应用系统部署与维护，掌握 WEB 应用系统开发流程、开发技巧和编程规范，最终实现在“.NET”环境下使用 C＃程序设计语言进行 WEB 应用程序的开发。

（2）课程基本理念

ASP.NET 技术基础课程基于“以培养职业能力为核心，坚持工学结合，项目导向，以工作实践为主线，用任务进行驱动”的设计理念，在教学过程中坚持项目导向、任务驱动等教学方法。教学过程设计弱化 WEB 程序设计技术的理论，以应用设计为切入点,注重学生动手能力的开发和培养。教学过程的思路是:案例演示(教师)——知识点分解(教师)——通过查阅相关资料文档学习知识点模仿实践(学生)——提交作业(学生)——结合激励政策引导学生示范(学生)——点评学生典型案例和重难点分析(教师),六步教学法。教学效果评价采取过程评价与结果评价相结合的方式,通过理论与实践相结合,重点评价学生的职业能力。课程内容由基础案例教学和综合应用实训构成,其中基础案例 80 学时,后续实训课程《应用系统开发》30 学时,使学生对课程知识融会贯通。

课程的教学过程是一个个案例组合而成,课程的每一个知识点都融合在案例和任务中。通过完成案例设计的过程来学习知识点,达到学习、融会、贯通每个知识点的目的。

(3) 课程设计思路

本课程总体设计思路是打破以知识传授为主要特征的传统学科课程模式,转变为以工作任务为中心组织课程内容,在行业专家的指导下,对 WEB 应用程序设计方向的岗位进行任务与职业能力分析,以实际工作任务为引领,以创新能力培养为主线,将课程知识体系整合为 14 个技能教学案例,在教学过程中注意体现学生设计能力培养的循序渐进性。让学生在完成具体任务目的过程中学会完成相应工作任务,并构建相关理论知识,发展职业能力。课程内容突出对学生职业能力的训练,理论知识的选取紧紧围绕工作任务完成的需要来进行,同时又充分考虑了高等职业教育对理论知识学习的需要,并融合了相关职业资格证书对知识、技能和态度的要求。教学过程"教、学、做"融为一体,学以致用,针对不同的内容,不同难易程度,不同教学对象,灵活采用多种教学方法。

2. 课程目标

(1) 工作任务目标

经过课程学习,学生应该能够具备运用". NET"技术开发 WEB 应用程序的能力,以培养学生实际开发程序的主要技能为主线,重点围绕". NET"开发平台、C# 程序设计基本技能、面向对象编程方法和 ASP. NET 技术等内容培养学生使用". NET"技术开发 WEB 应用程序的技能。通过课程学习,掌握如下知识:WEB 应用程序概念,ASP. NET 开发与运行环境配置;能够使用 WEB 服务器的各类控件;C# 程序设计基础知识和面向对象编程概念;ASP. NET 内部对象;ADO. NET 数据库访问技术和数据绑定;能够进行程序常用功能模块设计和编码、网站配置、测试、部署和维护等;

(2) 职业能力目标

突出基本职业能力和关键能力培养要求,培养学生具备从事 WEB 编程所必需的基本知识和基本技能,并注重渗透思想教育,加强学生的计算机信息管理职业道德观念。通过有步骤地实施以任务驱动的项目教学,从而在培养学生自主学习、团结协作和组织管理的能力,重点培养学生的创新思维和解决问题的方法,锻炼学生通过自主学习掌握工作思路与方法的能力，较强的知识、技术的自我更新能力，切实提高学生的职业技能、创新意识和处理实际问题的方法和综合素质。

3. 课程内容与要求

(1) 课程内容

课程内容如表 5.50 所示。

表 5.50 课程内容

学习情境		子情境	参考学时
情境名称	情境描述		
创 WEB 应用程序	配置 ASP. NET 开发环境并创建 WEB 应用程序	1. WEB 应用程序的概念和工作原理 2. B/S 和 C/S 模式的区别 3. ASP. NET 是什么 4. ASP. NET 和 ASP 区别 5. Microsoft. NET 框架的构成	4
创建 C# 应用程序	创建 C#应用程序并运行	1. C# 应用程序的基本组成和结构 2. C# 语言的数据类型和变量声明 3. 运算符的类型及优先级：赋值、算术、关系、条件和其他（单目、双目和逗号） 4. 控制语句（if 语句、switch 语句、while 语句、do 语句、for 语句和 foreach 语句） 5. OOP（对象、类、封装、多太、继承和重用）类的成员（数据成员、函数成员），名称空间	6
Web 服务器控件应用	运用 Label、TextBox、Button、DropDownList、CheckBox、CheckBoxList、ImageMap、ImageButton、Image、RadioButtonlist、ListBoxt、Panel 和 FileUpload 等控件进行综合运用；掌握 WEB 服务器控件标准属性的含义和值设置	1. 设计计算器 2. 用户兴趣调查 3. 天气预报 4. 春游活动调查 5. 用户登录	18

续表

学习情境		子情境	参考学时
情境名称	情境描述		
数据验证	1. 利用数据验证控件进行综合运用 2. 页面转向控制方法;页面间参数传递技术;客户端脚本的使用	1. RequiredFieldValidator(必须字段验证) 2. RangeValidator(正则表达式) 3. RegularExpressionValidator(比较验证) 4. CompareValidator(范围验证) 5. CustomValidator(自定义验证)	4
聊天室开发	利用ASP. NET内部对象实际开发聊天室	1. Session对象 2. Request对象 3. Response对象 4. Application对象 5. Server对象	6
模版设计与应用	利用导航控件制作网站模版	1. 模板页(Master Pages)的设计制作 2. 动态菜单(Dynamic Menus) 3. 树状视图(TreeViews) 4. 站点地图文件(Site Map Path)	4
数据连接	通过设计视图建立数据连接;通过代码方式建立数据连接进行数据访问;GridView和选择控件的数据绑定	1. Connection对象 2. Command对象 3. DataReader对象 4. WEB. config文件配置 5. ADO. NET的结构	6
数据分页	利用Connection对象、Command对象、DataAdapter对象和DataSet对象等综合运用设计断开式数据分页窗体	1. DataAdapter对象 2. DataSet对象 3. 数据分页相关属性含义和值的设置 4. 命名空间导入 5. GridView控件 6. DataList控件 7. Repeater控件	4

续表

学习情境		子情境	参考学时
情境名称	情境描述		
数据操纵	通过代码方式和数据库连接,实现对数据库的数据查询、数据添加、数据更新和数据删除	1. MultiViewIndex 控件 2. 断开式数据库连接与绑定 3. OleDbCommandBuilder 对象 4. DataAdapater 对象	6
用户注册	利用 WEB 服务器控件实现对数据库数据的添加、更新等实际综合运用	1. 数据库创建、数据表的创建 2. 数据连接和数据操纵 3. 常用 WEB 服务器控件	6

(2) 学习情境规划和学习情境设计

学习情境规划和学习情境设计如表 5.51～表 5.60 所示。

表 5.51 学习情境一描述

<table>
<tr><td colspan="2">学习情境名称</td><td colspan="2">创建 WEB 应用程序</td><td>学时数</td><td>4</td></tr>
<tr><td>学习目标</td><td colspan="5">1. 掌握 WEB 应用程序的概念和工作原理
2. 分清 B/S 和 C/S 模式的区别
3. 理解 ASP. NET 和 ASP 区别
4. 掌握 Microsoft. NET 框架的构成</td></tr>
<tr><td colspan="3">学习内容</td><td colspan="3">教学方法和建议</td></tr>
<tr><td colspan="3">1. ASP. NET 开发工具 VS 2005 的安装与配置
2. 创建 WEB 应用程序项目</td><td colspan="3">1. 按照任务驱动的教学模式教学
2. 教学过程以教师讲授、屏幕演示、概念分析和系统设计实现为主</td></tr>
<tr><td colspan="2">工具与媒体</td><td colspan="2">学生已有基础</td><td colspan="2">教师所需要的执教能力</td></tr>
<tr><td colspan="2">1. 多媒体教学设备
2. 教学课件、软件
3. 视频教学资料
4. 网络教学资源</td><td colspan="2">计算机应用基础</td><td colspan="2">1. 能熟练设计数据库
2. 能熟练使用 ASP. NET 程序编程
3. 能够发布与管理 WEB 应用程序</td></tr>
</table>

表 5.52　学习情境二描述

<table>
<tr><td>学习情境名称</td><td colspan="3">创建 C#应用程序</td><td>学时数</td><td>6</td></tr>
<tr><td>学习目标</td><td colspan="5">掌握 C#语言的数据类型、变量声明和基本结构等基本知识，能够创建简单 C#应用程序</td></tr>
<tr><td colspan="3">学习内容</td><td colspan="3">教学方法和建议</td></tr>
<tr><td colspan="3">1. 创建并运行 C#应用程序
2. 类的定义、声明，对象的创建
3. 程序流程控制方法
4. 数值和字符串的转换方法
5. 字符串操作方法</td><td colspan="3">理论分析讲解和案例式教学相结合</td></tr>
<tr><td colspan="2">工具与媒体</td><td colspan="2">学生已有基础</td><td colspan="2">教师所需要的执教能力</td></tr>
<tr><td colspan="2">1. 多媒体教学设备
2. 教学课件、软件
3. 视频教学资料
4. 网络教学资源</td><td colspan="2">C 语言程序设计</td><td colspan="2">1. 熟练掌握 C#语言
2. 能熟练使用 ASP. NET 程序编程
3. 能够发布与管理 WEB 应用程序</td></tr>
</table>

表 5.53　学习情境三描述

<table>
<tr><td>学习情境名称</td><td colspan="2">WEB 服务器控件应用</td><td>学时数</td><td>18</td></tr>
<tr><td>学习目标</td><td colspan="4">通过设计计算器、设计用户兴趣调查、天气预报、春游活动调查和用户登录等网站，掌握 WEB 服务器控件常用属性的功能和实际运用</td></tr>
<tr><td colspan="2">学习内容</td><td colspan="3">教学方法和建议</td></tr>
<tr><td colspan="2">1. WEB 服务器控件的标准属性
2. Label、TextBox、Button、DropDownList、CustomValidator、CheckBox、CheckBoxList、ImageMap、ImageButton、Image、RadioButtonlist、ListBoxt、Panel 和 FileUpload 等控件的功能
3. ToString()函数和 Convert 类的功能
4. Page 类的事件和属性(Page_Init、Page_Load 和 Page_UnLoad 事件，IsPostBack、IsValid 属性)
5. Try_catch 语句的功能</td><td colspan="3">1. 案例式教学
2. 教学过程以案例设计、实现演示为主</td></tr>
</table>

续表

工具与媒体	学生已有基础	教师所需要的执教能力
1. 多媒体教学设备 2. 教学课件、软件 3. 视频教学资料 4. 网络教学资源	1. 学习情境一 2. 学习情境二 3. 网页设计 4. VB. NET 程序设计	1. 能熟练设计数据库 2. 能熟练使用 ASP. NET 程序编程 3. 能够发布与管理 WEB 应用程序

表 5.54　学习情境四描述

<table>
<tr><td colspan="2">学习情境名称</td><td colspan="2">数据验证</td><td>学时数</td><td>4</td></tr>
<tr><td>学习目标</td><td colspan="5">通过在用户注册网页中添加数据验证控件来提高用户输入数据的正确率，提高用户注册速度，从而掌握数据验证控件的常用功能和运用环境</td></tr>
<tr><td colspan="3">学习内容</td><td colspan="3">教学方法和建议</td></tr>
<tr><td colspan="3">1. 利用数据验证控件进行综合运用
2. 页面转向控制方法
3. 页面间参数传递技术
4. 客户端脚本的使用</td><td colspan="3">任务式教学和激励式教学</td></tr>
<tr><td colspan="2">工具与媒体</td><td colspan="2">学生已有基础</td><td colspan="2">教师所需要的执教能力</td></tr>
<tr><td colspan="2">1. 多媒体教学设备
2. 教学课件、软件
3. 视频教学资料
4. 网络教学资源</td><td colspan="2">1. 网页设计
2. VB. NET 程序设计</td><td colspan="2">1. 熟练掌握 C# 语言
2. 熟练使用 WEB 服务器的标准控件
3. 能够发布与管理 WEB 应用程序</td></tr>
</table>

表 5.55　学习情境五描述

<table>
<tr><td colspan="2">学习情境名称</td><td>聊天室开发</td><td>学时数</td><td>6</td></tr>
<tr><td>学习目标</td><td colspan="4">通过设计一个简单聊天室，掌握 ASP. NET 内部对象的作用和运用方法</td></tr>
</table>

续表

学习内容	教学方法和建议	
1. Session 对象 2. Request 对象 3. Response 对象 4. Application 对象 5. Server 对象	任务式教学和激励式教学	
工具与媒体	学生已有基础	教师所需要的执教能力
1. 多媒体教学设备 2. 教学课件、软件 3. 视频教学资料 4. 网络教学资源	1. 网页设计 2. VB. NET 程序设计 3. C♯语言	1. 熟练掌握 C♯语言 2. 熟练使用 Web 服务器的标准控件 3. 能够发布与管理 WEB 应用程序

表 5.56　学习情境六描述

学习情境名称	模板设计与应用	学时数	4
学习目标	通过设计网页模板,并加以应用,掌握网页导航控件的分类和模板的设计制作方法		
学习内容		教学方法和建议	
1. 模板页(Master Pages)的设计制作 2. 动态菜单(Dynamic menus) 3. 树状视图(TreeViews) 4. 站点地图文件(Site Map path)		任务式教学和激励式教学	
工具与媒体	学生已有基础	教师所需要的执教能力	
1. 多媒体教学设备 2. 教学课件、软件 3. 视频教学资料 4. 网络教学资源	1. 网页设计 2. VB. NET 程序设计	1. 熟练掌握 C♯语言 2. 熟练使用 WEB 服务器的标准控件 3. 能够发布与管理 WEB 应用程序	

表 5.57 学习情境七描述

<table>
<tr><td>学习情境名称</td><td colspan="3">数据连接</td><td>学时数</td><td>6</td></tr>
<tr><td>学习目标</td><td colspan="5">通过设计显示大量学生信息的网站，掌握利用设计视图和编写代码两种方法读取批量数据库信息的方法</td></tr>
<tr><td colspan="3">学习内容</td><td colspan="3">教学方法和建议</td></tr>
<tr><td colspan="3">1. 通过设计视图建立数据连接
2. 通过代码方式建立数据连接进行数据访问
3. 掌握数据库连接对象 Connection、Command、DataReader 的功能
4. GridView 和选择控件的数据绑定</td><td colspan="3">任务式教学和激励式教学</td></tr>
<tr><td colspan="2">工具与媒体</td><td colspan="2">学生已有基础</td><td colspan="2">教师所需要的执教能力</td></tr>
<tr><td colspan="2">1. 多媒体教学设备
2. 教学课件、软件
3. 视频教学资料
4. 网络教学资源</td><td colspan="2">1. 数据库基础
2. 网页设计
3. C#语言</td><td colspan="2">1. 熟练掌握 C#语言
2. 熟练使用 WEB 服务器的标准控件
3. 熟练掌握 Access 或 SQL 数据库设计软件
4. 能够发布与管理 WEB 应用程序</td></tr>
</table>

表 5.58 学习情境八描述

<table>
<tr><td>学习情境名称</td><td>数据分页</td><td>学时数</td><td>4</td></tr>
<tr><td>学习目标</td><td colspan="3">设计分页显示批量后台数据库信息的网站，掌握 DataAdapter、DataSet 对象和 GridView 控件的功能和运用方法</td></tr>
<tr><td colspan="2">学习内容</td><td colspan="2">教学方法和建议</td></tr>
<tr><td colspan="2">1. 利用 Connection 对象、Command 对象、DataAdapter 对象和 DataSet 对象等综合运用设计断开式数据分页窗体
2. GridView 控件自定义分页
3. 使用 DataList 和 Repeater 控件显示数据</td><td colspan="2">1. 项目式教学和激励式教学
2. 一体化教学</td></tr>
</table>

续表

工具与媒体	学生已有基础	教师所需要的执教能力
1. 多媒体教学设备 2. 教学课件、软件 3. 视频教学资料 4. 网络教学资源	1. 数据库基础 2. 网页设计 3. C♯语言	1. 熟练掌握C♯语言 2. 熟练使用WEB服务器的标准控件 3. 熟练掌握Access或SQL数据库设计软件 4. 能够发布与管理WEB应用程序

表5.59　学习情境九描述

<table>
<tr><td>学习情境名称</td><td colspan="3">数据操纵</td><td>学时数</td><td>6</td></tr>
<tr><td>学习目标</td><td colspan="5">掌握编写代码连接后台数据库,并对数据库进行数据查询、添加数据、数据更新和数据删除功能</td></tr>
<tr><td colspan="3">学习内容</td><td colspan="3">教学方法和建议</td></tr>
<tr><td colspan="3">1. MultiViewIndex控件
2. 断开式数据库连接与绑定
3. OleDbCommandBuilder对象
4. DataAdapater对象</td><td colspan="3">1. 项目式教学和激励式教学
2. 一体化教学</td></tr>
<tr><td colspan="2">工具与媒体</td><td colspan="2">学生已有基础</td><td colspan="2">教师所需要的执教能力</td></tr>
<tr><td colspan="2">1. 多媒体教学设备
2. 教学课件、软件
3. 视频教学资料
4. 网络教学资源</td><td colspan="2">1. 数据库基础
2. 网页设计
3. C♯语言</td><td colspan="2">1. 熟练掌握C♯语言
2. 熟练使用WEB服务器的标准控件
3. 熟练掌握Access或SQL数据库设计软件
4. 能够发布与管理WEB应用程序</td></tr>
</table>

表 5.60　学习情境十描述

<table>
<tr><td>学习情境名称</td><td colspan="3">用户注册</td><td>学时数</td><td>6</td></tr>
<tr><td>学习目标</td><td colspan="5">运用本课程前面所学知识进行综合运用</td></tr>
<tr><td colspan="2">学习内容</td><td colspan="4">教学方法和建议</td></tr>
<tr><td colspan="2">1. 数据库创建、数据表的创建
2. 数据连接和数据操纵
3. 常用 WEB 服务器控件</td><td colspan="4">1. 项目式教学和激励式教学(教学方法是否可以再补充点内容)
2. 一体化教学</td></tr>
<tr><td>工具与媒体</td><td colspan="2">学生已有基础</td><td colspan="3">教师所需要的执教能力</td></tr>
<tr><td>1. 多媒体教学设备
2. 教学课件、软件
3. 视频教学资料
4. 网络教学资源</td><td colspan="2">1. 数据库基础
2. 网页设计
3. C♯语言
4. 学习情境 1～13 内容</td><td colspan="3">1. 熟练掌握 C♯语言
2. 熟练使用 WEB 服务器的标准控件
3. 熟练掌握 Access 或 SQL 数据库设计软件
4. 能够发布与管理 WEB 应用程序</td></tr>
</table>

4. 课程实施

(1) 教材选用或编写

① 推荐教材

许锁坤. ASP. NET 技术基础[M]. 北京:高等教育出版社,2013.

② 教材编写体例建议

教材要以岗位职业能力分析和职业技能考证为指导,以《ASP. NET 技术基础》课程标准为依据进行编写。

教材要以岗位任务引领,以工作项目为主线,强调理论与实践相结合,按活动项目组织编写内容。教材内容从"任务"着手,设计完成"任务"的方法与步骤,并留有让学生自主探究设计完成"任务"的方法与步骤的空间。教材要体现以解决实际问题来带动理论学习和应用软件操作,让学生在完成"任务"的过程中掌握知识和技能,能培养学生发现问题、分析问题、解决问题的综合能力。"任务"的设置应体现针对性、综合性和实践性。项目任务的设计,应体现高等职业教育的特征和与社会实际的联系。所设计的"任务"是学生毕业后就业上岗就能遇到并需要解决的问题,而不是围绕着知识和技能的展开而设置的。项目任务的设计,应具有较强的可操作性,加强学生实际动手能力的培养,使学生能比较熟练地应用 WEB 数据库技术和 WEB 编程技术解决问题。

教材中凡涉及工作岗位的实践活动,应以岗位操作规程为基准,并将其纳入。

教材内容应在《ASP. NET 技术基础》课程标准基础上有所拓展,要将 WEB 应用程序设计(ASP. NET 及 C#)的最新技术纳入教材。

教材内容中要以实践性内容为主。教材体系的安排要遵循学生的认知规律,讲清知识的来龙去脉,使教材顺理成章,浅入深出,具有趣味性和启发性,做到图文并茂,寓教于乐,循序渐进,滚动式递进。教材体现任务驱动、实践导向的课程设计思想。

(2) 教学方法建议

教学过程"教、学、做"融为一体,学以致用,针对不同的内容,不同难易程度,不同教学对象,灵活采用多种教学方法。

① 注重师生互动,赏识学生、营造课堂气氛

对学生在不同的学习阶段,采取不同的方法,初期多鼓励、奖赏学生,增强它们的信心。中后期适当加压,加强学习深度。

② 演示法教学

教师通过投影仪或者屏幕控制软件演示案例并讲解基本知识点。

③ 任务式教学

教师演示完案例以后,学生要在紧跟着的独立实践课上,独立完成一个与教学项目相似的练习项目,以练习对在任务驱动下如何探索知识、解决问题的能力。

④ 理论实践一体化

学习目标是围绕技能训练,打破原有学科的界限。理论教学的内容和要求,教学环节和进度由技能训练的需要来确定,理论教学完全服务于技能训练,掌握理论知识就是为了实际应用教学内容上,将理论教学与实操训练的内容相结合,打破理论课与实践课的界线,采用在实训教室讲授理论、边授理论边让学生动手操练的方法上课,或在短时间理论课后即让学生进入实训操作,即实现理论课与实践课在空间上的结合。在教学时间上,打破理论课与实践课人为的划分时间段的做法,从而实现理论课与实践课在时间上的结合。真正做到技能训练在教学中的地位得到了加强。

⑤ 项目式教学

每一章结束,教师演示一个具有一定实用功能的完整项目,从需求分析、设计到实现,再由学生去实践完成。

(3) 教学评价、考核要求

教学评价是为了提高学生掌握 WEB 应用程序的项目开发的实际技能和教师的教学水平;充分发挥评价的促进教学发展和提高的过程;使评价能够帮助管理者、教师、学生、家长等了解本课程的教学情况;促进学生在知识与技能、过程与方法、能力方面的全面发展;发现学生潜能,了解学生需求;使学生看到自己存在的长处和不足,增强学习课程的信心;激励、引导学生发展;形成生动、活泼、开放的教学

氛围。

本课程评价从知识与技能、过程与方法、情感态度三方面进行。注重适应时代发展需要的基础知识和基本技能，强调知识和技能在企业中的应用。测验和考试命题应该注重对知识的理解和技能的运用，要研究并设计有利于学生技能提高、联系企业软件项目开发实际的过程化试题；重视评价学生的编程能力、团队合作和交流能力、分析和解决问题的能力，注重学生在编程过程中提出的问题以及在知识学习、案例编程、项目开发、兴趣小组等活动中的表现，关注学生的观察和实际知识的应用能力、提出问题的能力、收集信息和处理信息的能力等。

提倡评价形式多样化，注重通过过程考核方式对学生进行全面评估，如表5.61所示。考核内容包括各知识点掌握、编程技能、参与项目开发能力、职业素质、自主学习能力、团队意识等。

表 5.61　过程考核成绩评定办法

考核方式	过程考核(项目考核)70%			期末考核 30% (卷面考核)
	素质考核 (根据课程情况调整)	作业考核 (根据课程情况调整)	实操考核 (根据课程情况调整)	
	10 分	30 分	30 分	30 分
考核实施	由指导教师、组长共同根据学生表现集中考核	主讲教师根据学生完成作业情况考核	由主讲教师、实训指导教师对学生进行项目操作考核	教务处组织实施
考核标准	1. 出勤情况 2. 课堂表现(提问、参与教师互动情况、正确率)	1. 课后上机作业完成情况 2. 作业正确率 3. 创新情况	1. 实训项目完成情况(及时性、规范性、正确性、完整性) 2. 个人在团队的作用(团队互评) 3. 实训中的创新情况	

(4) 课程资源开发与利用

积极开发和合理利用课程资源是《ASP. NET 技术基础》课程实施的重要组成部分。课程资源包括相关教材以及有利于提高学生技术运用能力的其他所有学习材料和辅助设施。除了合理有效地使用教材以外，还应该积极利用其他课程资源，如项目光盘资料、案例库、网络学习园地、论坛等。课程组开发了《ASP. NET 技术基础》教学平台，在该平台上包括教学大纲、课程标准、授课教案、教学课件、实验指导书、习题作业、参考文献、案例库等教学材料以供教师与学生参考。

为了提高课程资源的有效利用,开拓教和学的渠道,更新教和学的方式,增强课程教学的开放性和灵活性,课程充分利用校内实训室、校内外实训基地常规教学环境。到目前学院已建成网络中心、网络实训室、专业机房、网络综合布线实训室、计算机组装维护实训室、软件综合实训室、信息安全实训室等 10 个实践教学场所。本专业仪器设备总值达到了 400 多万元。学院还投资建立了数字图书馆。向学生开放实训室和图书馆资源,为学生的自主学习创造条件,并鼓励学生参与软件技能大赛以及进行项目研发和自助创业。

(七) 多媒体制作课程标准

课程编码:C134102
课程类别:职业考证模块
适用专业:计算机应用技术
开设学期:第四学期
学时:64
授课单位:工程科技学院

1. 课程定位和课程设计

(1) 课程性质与作用

多媒体制作课程是计算机应用技术专业的职业核心技术课程,旨在培养学生的多媒体技术应用能力,并为后续的专业知识的学习和应用做前期准备。

通过本课程的学习,使学生了解多媒体及多媒体技术的基础知识,掌握多媒体素材采集的方法与技术,知道信息获取、使用的道德意识,学会按不同的任务要求组织和加工多媒体素材,在完成应用项目的过程中学会沟通与合作,能基本胜任多媒体文档的管理、多媒体系统设备的使用与维护等基础性工作,并为提高学生各专门化方向的职业能力奠定良好的基础,满足学生就业和职业发展的需要。

(2) 课程基本理念

坚持以就业为导向,以培养学生职业能力为根本,将提高学生的就业竞争力和综合素质作为课程教学的根本目标。通过不间断的企业调查、毕业生调查与网络调查,确定立足于将职业岗位的能力需求作为课程的教学内容。加快与企业单位的合作,力求企业项目案例、课堂教学的案例、课堂实践的案例循序渐进地同步推进,将知识点嵌入案例中进行讲解、练习、实验,使学生"做中学""学中做",逐步掌握所学知识,提高操作技能。

(3) 课程设计思路

多媒体制作课程设计将面向工作过程的项目教学、任务驱动教学、案例教学的教学思想融为一体,并不追求形式上的项目教学、任务驱动教学或案例教学,而是重点体现项目教学法、任务驱动教学法、案例教学法的精神实质。本课程在讲述每个章节时，巧妙设计实践案例，使各个知识点贯穿案例中，强化学生对知识点的理解和掌握。各章讲述完成后，设置综合案例，考查学生综合运用知识的能力及分析问题的能力。

坚持从教学设计入手，综合考虑与课程相关的各种因素，追求教学效果的系统最优，将各个教学环节作为课程教学系统的一个部分来对待，将本课程的教学作为专业教学中的一个环节来对待，处理好与前导后续课程的关系。

2. 课程目标

（1）工作任务目标

通过本课程的学习，了解多媒体及多媒体技术的基础知识，掌握多媒体素材采集的方法与技术，学会按不同的任务要求组织和加工多媒体素材，在完成应用项目的过程中学会沟通与合作，并为提高各专门化方向的职业能力奠定良好的基础。

（2）职业能力目标

能熟练使用解压缩软件；能使用图片、音频、视频格式转换软件；能使用数字扫描仪、数字录音机、数字照相机、数字摄像机等多媒体设备；能采集多媒体素材；能处理多媒体信息；具备多媒体文档的管理能力；具备多媒体产品的发布与应用能力。

3. 课程内容和要求

（1）课程内容

课程内容如表 5.62 所示。

表 5.62 课程内容

学习情境		子情境	参考学时
情境名称	情境描述		
走进奇妙的多媒体世界	多媒体技术概述	1. 观摩一次展览会，了解多媒体技术应用 2. 组织一次“多媒体技术发展与应用”主题讨论会，使用扫描仪、视频采集卡等数字化设备，体验多媒体信息数字化技术 3. 进行一次多媒体信息上传与下载活动体验多媒体数据压缩技术应用与对图片、音频、视频压缩的格式相互转换 4. 播放并下载互联网络多媒体节目，体验流媒体技术应用	6

续表

学习情境		子情境	参考学时
情境名称	情境描述		
配乐诗制作	多媒体音频数据采集	1. 录制一段现场采访录音，进行声音降噪等处理 2. 编一个配乐诗朗诵文件	8
大学生活小电影	多媒体图像、视频信息处理	1. 进行一次主题摄影比赛 2. 制作一段校园文化生活短片	10
比不同	多媒体作品制作软件	各种多媒体制作软件介绍及其优劣点	2
素材加工	Authorware 中文字图像处理	1. 文字、图像导入 2. 文字、图像显示模式	6
动起来	Authorware 中动画编辑	1. 非交互动画设计方法 2. 交互动画设计方法	8
人机交互控制	Authorware 中交互设计	11 种交互方式的编辑与操作	14
随机测试题库设计	Authorware 中框架的建立	1. 判断图标的使用 2. 框架的编辑语操作	6
多媒体作品合成	多媒体作品开发	多媒体作品设计的原则	4

(2) 学习情境规划和学习情境设计

学习情境规划和学习情境设计如表 5.63～表 5.71 所示。

表 5.63　学习情境一描述

<table>
<tr><td>学习情境名称</td><td colspan="2">走进奇妙的多媒体世界</td><td>学时数</td><td>6</td></tr>
<tr><td>学习目标</td><td colspan="4">1. 认识多媒体世界
(1) 了解媒体及类型
(2) 知道多媒体技术的特点
(3) 了解多媒体技术应用的前沿发展
2. 体验多媒体信息数字化
(1) 了解信息数字化过程
(2) 能熟练使用扫描仪
(3) 能安装使用视频采集卡
3. 应用多媒体数据压缩技术
(1) 了解数据压缩技术
(2) 能熟练使用解压缩软件
(3) 能使用图片、音频、视频格式转换软件</td></tr>
<tr><td colspan="2">学习内容</td><td colspan="3">教学方法和建议</td></tr>
<tr><td colspan="2">1. 多媒体表现形式
2. 多媒体信息数字化
3. 多媒体数据压缩技术</td><td colspan="3">启发式教学、探究式教学</td></tr>
<tr><td colspan="2">工具与媒体</td><td>学生已有基础</td><td colspan="2">教师所需要的执教能力</td></tr>
<tr><td colspan="2">电脑机房、投影仪、机房控制软件</td><td>计算机基础操作技能</td><td colspan="2">具备多媒体信息相关知识</td></tr>
</table>

表 5.64　学习情境二描述

<table>
<tr><td>学习情境名称</td><td>配乐诗制作</td><td>学时数</td><td>8</td></tr>
<tr><td>学习目标</td><td colspan="3">数字音频信息处理
(1) 了解数字音频处理基本要求
(2) 能使用数字音频处理软件</td></tr>
</table>

续表

学习内容	教学方法和建议	
1. 数字音频的特点 2. 数字音频的采集与编辑	示范操作、练习、模拟训练	
工具与媒体	学生已有基础	教师所需要的执教能力
电脑机房、投影仪、机房控制软件	计算机基础操作技能	具备多媒体音频数据的处理编辑能力

表 5.65　学习情境三描述

学习情境名称	大学生活小电影	学时数	10
学习目标	1. 图形图像信息处理 (1) 了解图形图像处理基本要求 (2) 能熟练使用图形图像处理软件 2. 视频信息处理 熟悉绘声绘影编辑软件的使用		
学习内容		教学方法和建议	
1. 图形图像文件格式 2. 图形图像处理软件的使用方法 3. 视频软件会声会影的使用		示范操作、练习、模拟训练	
工具与媒体	学生已有基础	教师所需要的执教能力	
电脑机房、投影仪、机房控制软件	计算机基础操作技能	熟练操作常用图形、图像、视频编辑软件的使用	

表 5.66　学习情境四描述

学习情境名称	比不同	学时数	2
学习目标	了解制作多媒体作品的各种工具,能根据设计需要合理选择编辑软件		
学习内容		教学方法和建议	
各类多媒体编辑软件介绍及其优劣		讲授	

续表

工具与媒体	学生已有基础	教师所需要的执教能力
电脑机房、投影仪、机房控制软件	计算机基础操作技能	熟悉各类软件的整合各类多媒体数据的特点,能引导学生合理选择编辑软件

表 5.67　学习情境五描述

学习情境名称	素材加工		学时数	6
学习目标	1. 熟练完成文字、图像的导入与编辑 2. 掌握图像、文字的各种显示模式			
学习内容		教学方法和建议		
1. 导入外部文字、图像的方法 2. 图像、文字的 5 种显示模式		示范操作、练习、模拟训练		
工具与媒体	学生已有基础		教师所需要的执教能力	
电脑机房、投影仪、机房控制软件	计算机基础操作技能		熟练操作图形、图像的导入与显示模式	

表 5.68　学习情境六描述

学习情境名称	动起来		学时数	8
学习目标	熟练完成交互式和非交互式两大类型的动画设计方法			
学习内容		教学方法和建议		
1. 非交互动画设计方法 2. 交互动画设计方法 3. 两类动画类型经典案例		示范操作、练习、模拟训练		
工具与媒体	学生已有基础		教师所需要的执教能力	
电脑机房、投影仪、机房控制软件	计算机基础操作技能		熟练动画设计的各类技巧	

表 5.69　学习情境七描述

<table>
<tr><td>学习情境名称</td><td colspan="3">人机交互控制</td><td>学时数</td><td>14</td></tr>
<tr><td>学习目标</td><td colspan="5">熟练操作完成 Authorware 中的 11 种交互方式设置与编辑</td></tr>
<tr><td colspan="3">学习内容</td><td colspan="3">教学方法和建议</td></tr>
<tr><td colspan="3">1. 11 种交互方式的属性设置
2. 11 种交互方式案例
3. 各种交互图标设计案例</td><td colspan="3">示范操作、练习、模拟训练</td></tr>
<tr><td colspan="2">工具与媒体</td><td colspan="2">学生已有基础</td><td colspan="2">教师所需要的执教能力</td></tr>
<tr><td colspan="2">电脑机房、投影仪、机房控制软件</td><td colspan="2">计算机基础操作技能</td><td colspan="2">熟练操作 11 种交互方式的编辑</td></tr>
</table>

表 5.70　学习情境八描述

<table>
<tr><td>学习情境名称</td><td colspan="3">随机测试题库设计</td><td>学时数</td><td>6</td></tr>
<tr><td>学习目标</td><td colspan="5">熟练操作完成各种框架结构的设计,熟练操作判断图标的设计与制作</td></tr>
<tr><td colspan="3">学习内容</td><td colspan="3">教学方法和建议</td></tr>
<tr><td colspan="3">1. 框架图标的操作
2. 判断图标的操作
3. 框架、判断图标设计案例</td><td colspan="3">示范操作、练习、模拟训练</td></tr>
<tr><td colspan="2">工具与媒体</td><td colspan="2">学生已有基础</td><td colspan="2">教师所需要的执教能力</td></tr>
<tr><td colspan="2">电脑机房、投影仪、机房控制软件</td><td colspan="2">计算机基础操作技能</td><td colspan="2">熟练使用框架、判断图标进行程序设计</td></tr>
</table>

表 5.71　学习情境九描述

<table>
<tr><td colspan="2">学习情境名称</td><td colspan="2">多媒体作品合成</td><td>学时数</td><td>4</td></tr>
<tr><td>学习目标</td><td colspan="5">1. 熟知多媒体作品设计原则
2. 了解打包文件与网上发布文件的技巧</td></tr>
<tr><td colspan="3">学习内容</td><td colspan="3">教学方法和建议</td></tr>
<tr><td colspan="3">1. 多媒体作品设计原则
2. 多媒体作品打包与发布</td><td colspan="3">示范操作、练习、模拟训练</td></tr>
<tr><td colspan="2">工具与媒体</td><td colspan="2">学生已有基础</td><td colspan="2">教师所需要的执教能力</td></tr>
<tr><td colspan="2">电脑机房、投影仪、机房控制软件</td><td colspan="2">计算机基础操作技能</td><td colspan="2">熟知多媒体作品设计原则及其初学者在设计多媒体作品容易犯的设计错误</td></tr>
</table>

4. 课程实施

(1) 教材选用或编写

缪亮. 多媒体技术实用教程[M]. 北京：清华大学出版社，2013.

该教材内容安排适当、水平高，配套有课件、实训和网络资源，能充分满足高职教学需求。

(2) 教学方法建议

教师必须重视现代教学理论的学习，不断地更新观念，加强多媒体技术应用与各课程的整合研究，充分运用项目教学法，探索在数字化学习环境下的新型教学模式，为学生提供自主发展的时间和空间，努力培养学生的创新精神和实践能力，自觉地成为学生学习的引导者和促进者。学生必须重视提升自己的职业素养，培养自己应用多媒体技术解决问题的综合能力，张扬自己的个性特长，在学习过程中学会与人合作，自觉地成为问题的发现者和解决者。倡导多种学习方式，改善学生的学习方式，培养学生的创新精神和合作学习、研究探索的能力。运用“思考、实践、调查、探索、讨论、交流、展示、评价”等多种形式促使学生自行设计学习方案，自主探索操作步骤和实验方法，在学习过程中提出问题、发现问题，加强师生、生生之间的讨论、交流和展示，从而改变学生单一地被动接受知识的学习方式。要创设工作情景，加强过程体验，增强学生的就业意识。了解在信息化环境下学习、工作、生活的方式和方法。要加强学生对应用多媒体技术的道德与规范的体验，增强信息社会的责任心和使命感。由于本课程的教学目的不仅是让学生掌握多媒体技术的基础知识和基本技能,更重要的是提升学生的多媒体技术应用的职业素养,改善学生的学习方式,促使学生学会学习,因此,在教学过程中,要注重改变教学方法,充分发挥教师的主导作用和学生的主体作用。

(3) 教学评价、考核要求

教学评价目的是考察教师的教与学生的学习状况如何的,也是教师反思和改进教学方法的手段。

教学评价的手段和形式应多样化,将过程评价与结果评价相结合,定性与定量相结合,充分关注学生的个性差异,发挥评价的激励作用,保护学生的自尊心和自信心。教师要善于利用教学评价所反馈的信息,适时调整和改善教学方法。

恰当评价学生的基础知识和基本技能。对基础知识和基本技能的评价,应遵循本课程标准的基本理念,以知识和技能目标为基准,考查学生对基础知识和基本技能的理解和掌握程度。教学目标是本门课程在学期结束时学生应达到的基本要求,如果学生考试不合格,学校要创造一定条件允许学生有再次考试的机会,这种推迟“判断”,尊重了学生的个体差异,为不同学生的发展创造了条件,同时也让他们看到了自己的进步,获得了成功的喜悦,从而激发新的学习动力。对基础知识和基本技能的评价应结合生产实际,注重解决问题的过程;能够解释生产过程中出现的一些现象,并采取必要措施以提高产品质量。

评价的主体和方式要多样化,如表 5.72 所示。本课程以书面考试的形式考查学生的基础知识和基本技能,以上课表现等因素作为素质考核,以作业的形式考查学生思维的深刻性及与他人合作交流情况;以质疑的形式考查学生在某一阶段的进步情况;以学生在实践过程中的表现考查学生操作技能。

表 5.72　过程考核成绩评定办法

考核方式	过程考核(项目考核)70%			期末考核 30%(卷面考核)
	素质考核(根据课程情况调整)	作业考核(根据课程情况调整)	实操考核(根据课程情况调整)	
	10 分	30 分	30 分	30 分
考核实施	由指导教师、组长共同根据学生表现集中考核	主讲教师根据学生完成作业情况考核	由主讲教师、实训指导教师对学生进行项目操作考核	教务处组织实施
考核标准	1. 出勤情况 2. 课堂表现(提问、参与教师互动情况、正确率)	1. 课后上机作业完成情况 2. 作业正确率 3. 创新情况	1. 实训项目完成情况(及时性、规范性、正确性、完整性) 2. 个人在团队的作用(团队互评) 3. 实训中的创新情况	

(4) 课程资源开发与利用

开发适合教师与学生使用的多媒体教学素材和辅导学生学习的多媒体教学课件。充分利用行业资源,为学生提供阶段实训,让学生在真实的环境中磨炼自己,提升其职业综合素质。要充分利用网络资源,搭建网络课程平台,开发网络课程,实现优质教学资源共享。积极利用数字图书馆、电子期刊、电子书籍,使教学内容更多元化,以此拓展学生的知识和能力。充分利用信息技术开放实训中心,将教学与培训合一,将教学与实训合一,满足学生综合能力培养的要求。

第六部分　人才培养方案的特色与成效

一、计算机应用技术专业人才培养方案的特色

（一）确定了专业人才培养目标

高等职业教育专业设置要依据国家社会职业分类与行业标准、区域经济水平与产业结构、区域教育程度与教育资源以及国家职业资格制度等因素来综合研究，构建科学合理的高等职业教育专业方向，同时根据经济、社会发展需要及人才市场需求变化随时进行专业调整。基于以上原则，学校每年暑期派出专业骨干老师去阜阳、合肥、江苏、上海、深圳、武汉等软件园区企业进行实地学习、培训、调研，通过和企业的深度接触，掌握本行业最新发展需求。同时，组织老师到同行示范院校进行交流学习。每年5月份，院长带领老师走访毕业生，收集毕业生及所在企业的反馈信息。在以上3个渠道信息收集的基础上，组织来自行业协会、企业以及同行示范院校专家组成专业教学委员会进行专业设置论证，具体流程如图6.1所示。

（二）基于职业能力素养的人才培养方案，实现人才培养的优质化

通过定期开展社会人才需求调研，毕业生就业回访、不断调整专业服务面向、人才培养目标、培养规格，优化人才培养方案。以培养计算机应用技术核心岗位能力为主线，实施人才培养模式改革，构建由“基本技能培养→核心能力培养→专项能力培养→拓展能力培养”的“五阶段、三循环、能力递进”的人才培养模式，加强学生动手能力的培养，以“用”为首要目标，在课程安排与课程设计中着重培养专业学生的实践动手能力，以理论够用为指导，合理设置专业基础课程，为学生后续核心能力课程的学习打下理论基础，同时为学生专升本继续学习创造条件。我院计算机应用技术专业在领导的带领下不断对本专业进行完善，努力创新校企结合、校际合作、工学结合的人才培养模式和课程体系。跟踪就业市场对该专业毕业生知识

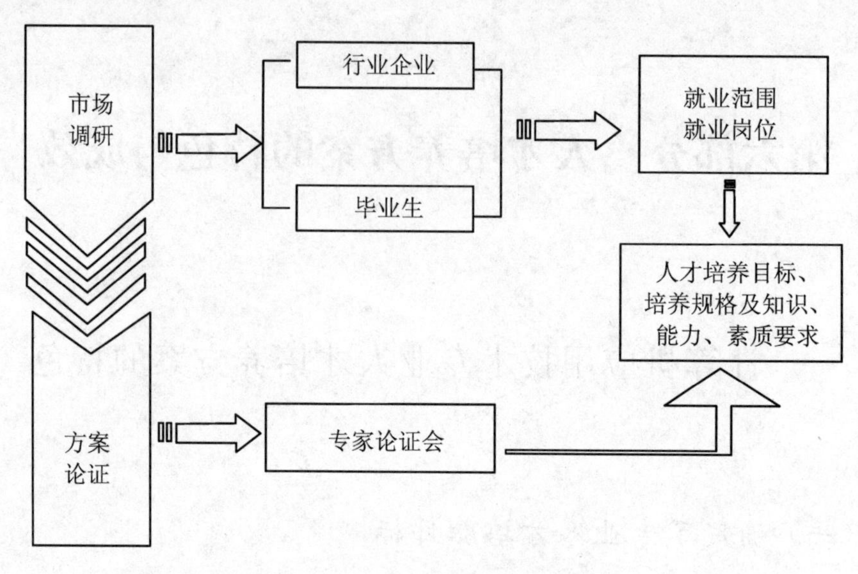

图 6.1　专业人才培养目标确定流程

能力要求的最新动态，以市场需求为准则，就业为导向，适时调整、改革人才培养方案，实现人才培养质量的全面提升。

（三）基于社会需求的"323"课程体系，促进教学全面改革

对照核心岗位能力需求，融合行业标准和职业资格标准，以典型任务为载体，以工作过程为导向，进行岗位职业能力分析，整合优化课程内容，构建以职业能力为本位、以职业实践为主线、以培养职业技能为核心体现工学结合特色的"323"专业课程体系。建设公共基础课程、专业核心课程两个平台和专业方向化课程、能力拓展课程两个模块，完善"基本训练、专项训练、综合训练"能力递进式实践教学体系。通过校企合作，编写符合职业院校学生特点和职业岗位特点的校本教材和实训指导书，不断改革教学方法，构建专业教学资源库，利用网络平台拓展、延伸课堂教学时空，进一步提高专业教学质量。

第一学年主要学习基本素养模块和职业基础技术模块的内容，第二学年重点学习职业核心模块内容，第三学年学习职业考证模块、实践模块和拓展模块。针对职业核心模块和拓展实践模块，根据工作岗位技能需求设置课程内容，具体如表6.1所示。

表 6.1　各学年学习内容

工作项目	工作任务	职业能力	相关课程
1. 计算机组装与维护	1-1 协助销售员及安装电脑硬件和软件 1-2 在安装硬件和软件过程中解答顾客疑问 1-3 协助服务台解决顾客电脑售后技术问题 1-4 为客户布线、组网并调试 1-5 对客户产品进行升级	1-1-1 有很强的服务意识,服务态度好 1-1-2 具备计算机硬件系统检测、维护与维修能力 1-2-1 表达沟通能力强,形象端正大方,能吃苦 1-2-2 善于沟通,具有良好的服务意识和团队精神 1-3-1 电脑基础知识扎实,能熟练安装电脑软硬件 1-3-2 熟练使用主流操作系统和常用软件的能力 1-4-1 精通综合布线技术和服务器安装及调试 1-5-1 服从安排	计算机应用基础、计算机组装与维护、计算机网络技术、信息安全、办公自动化
2. 信息处理	2-1 熟练使用信息系统管理软件 2-2 数据库安全维护 2-3 数据库开发	2-1-1 信息管理系统软件的初始化、维护和更新 2-1-2 掌握信息管理系统的应用 2-2-1 网络操作系统安装与配置 2-2-2 数据库安装、设计与操作 2-2-3 项目需求分析 2-3-1 掌握 SQLServer 软件的使用	数据库基础、数据库应用、操作系统、信息安全
3. 网站建设与维护	3-1 网页设计与制作 3-2 网站管理与维护 3-3 网站推广	3-1-1 熟练掌握图形图像处理软件、多媒体制作软件的使用 3-1-2 具有一定美术鉴赏能力 3-1-3 掌握 Dreamweaver 等网页设计软件的使用 3-2-1 掌握 WEB 服务器安装与配置 3-2-2 FTP 服务器安装与配置 3-2-3 网站测试 3-2-4 网络安全与管理 3-3-1 掌握网络推广方法 3-3-2 结合传统媒体推广网站	网页设计与制作、计算机图像处理、网站管理

续表

工作项目	工作任务	职业能力	相关课程
4. WEB开发	4-1 网络软件开发 4-2 图形图像处理	4-1-1 掌握基础程序设计语言 C＃或 VB 4-1-2 结构化程序设计思想，设计较好算法 4-1-3 软件工程方法 4-1-4 掌握一种数据库管理系统的使用 4-1-5 掌握 ASP. NET 网站开发工具 4-2-1 掌握图形图像处理软件的使用	数据库基础、图形图像处理、ASP. NET程序设计和应用系统开发
5. Flash 动画设计	5-1 制作电子贺卡 5-2 制作 MV 5-3 制作广告宣传页 5-4 设计网站 Logo、Banner 等 5-5 制作课件	5-1-1 熟练使用绘图工具，任意变形工具，柔化填充边缘，绘制背景图形；使用动作面板设置脚本语言；使用文本工具输入编辑文字 5-2-1 通过图片、声音、动画的完美搭配使节目片头和 MTV 更加引人入胜，制作 Flash MTV，更需要具有好的创意和艺术感染力，应该仔细揣摩歌曲的内涵，充分地发挥想象 5-3-1 通过不同的产品图片、广告语以及介绍文字使广告给受众留下深刻的视觉印象 5-4-1 使用椭圆工具、复制到网格命令、翻转帧命令制作标志变化效果；使用任意变形工具改变图形的形状，使用变形面板改变文字的大小，使用动作面板设置脚本语言 5-5-1 通过大量的图片、文字，结合幻灯片与组件制作出富有知识性、趣味性的教学课件	多媒体制作、图形图像处理
6. 企业 ERP 系统应用	6-1 使用中小企业 ERP 系统 6-2 管理 ERP 中常见的数据表格 6-3 设计 ERP 系统中常用的表单	6-1-1 能够使用 ERP 系统 6-1-2 能够进行 ERP 系统升级 6-1-3 能够排除一些简单的 ERP 使用故障 6-2-1 能够熟练使用 Excel 6-2-2 能够使用 Excel 管理中小企业常见的数据表格 6-3-1 能够管理 ERP 中的常见表单	计算机应用基础、数据库应用、操作系统和计算机网络技术

续表

工作项目	工作任务	职业能力	相关课程
7. 企事业办公自动化应用	7-1 应用文件撰写与编辑 7-2 Internet 应用 7-3 系统配置与安全管理 7-4 办公设备维护	7-1-1 灵活运用办公软件 7-2-1 较强的文字处理、报表打印、图形编辑、表格处理和互联网运用能力 7-3-1 计算机系统常用工具软件安装与使用 7-4-1 常用办公设备的使用和维护 7-4-2 良好的沟通和交流能力	计算机应用基础、办公自动化、计算机组装与维护和计算机网络技术
8. 电脑硬件销售	8-1 完成公司制定的销售目标 8-2 熟练地掌握公司产品及销售策略 8-3 配合店长做好日常店面管理 8-4 维护公司形象与声誉	8-1-1 具备吃苦、耐劳、好学、用心、积极向上的工作品质 8-1-2 热爱销售工作，有挑战高薪的心理素质 8-2-1 大专以上学历，具备电脑相关软硬件知识 8-2-2 自信和敢于与顾客交流的勇气 8-2-3 能够快速掌握并运用公司的销售策略 8-3-1 要有与团队配合的协作精神 8-4-1 表达沟通能力强，形象端正大方，能吃苦	计算机应用基础、计算机组装与维护、网络综合布线、社交礼仪和大学语文
9. 应用系统开发	9-1 可视化程序开发	9-1-1 掌握一种数据库管理系统的使用 9-1-2 软件工程方法 9-1-3 结构化、模块化程序设计思想，设计较好的算法 9-1-4 掌握 VB. NET 软件的使用	数据结构、数据库应用、软件工程、VB. NET 程序设计

在此人才培养模式的实施过程中，改变传统教学理论性、体系性强，而实践性、探索性弱的情况，针对职业岗位要求，组织模块教学、项目教学，将“教、学、做”融为一体，把实际应用能力提到重要地位。以职业岗位为目标，重点突出职业技能。分阶段划分教学模块，按工作岗位确定实际工程项目，以实际工程项目为载体，以职业技能需求细化分析为依据，构建课堂教学内容、强调学生主动参与、小组协作的教学方式完成教学任务，通过此人才培养模式的实施，校企深度融合，实现工学交

替，人才培养质量得以保障，最终实现学生的就业目标。

（四）“个性化”培养，突出素质教育

注重学生创新和实践能力的培养，加强知与行的辩证统一。支持和组织以学生为主体的各种学科兴趣小组，开展学生创新团队科技活动，鼓励学生参与各类计算机大赛，培养从事科学研究的基本素质和能力。推行弹性培养方案，完善拓展奖励学分和课程置换办法。鼓励学生发挥特长，培养具有个性化创新创业、实践能力强的特长生。

（五）改变传统教学评价理念，优化了过程化考核

教学评价是为了提高学生知识技能和教师的教学水平，充分发挥评价的促进教学发展和提高的过程。使评价能够帮助管理者、教师、学生、家长等了解各课程的教学情况；促进学生在知识与技能、过程与方法、能力方面的全面发展；发现学生潜能，了解学生需求；使学生看到自己存在的长处和不足，增强学习课程的信心；激励、引导学生发展；形成生动、活泼、开放的教学氛围。

该专业主要考核方式包括两种：一是通过考试获得相应岗位职业资格证；二是专业核心课程的过程化考核。课程评价从知识与技能、过程与方法、情感态度三方面进行。注重适应时代发展需要的基础知识和基本技能，强调知识和技能在企业中的应用。测验和考试命题应该注重对知识的理解和技能的运用，要研究并设计有利于学生技能提高、联系企业软件项目开发实际的过程化试题；重视评价学生的编程能力、团队合作和交流能力、分析和解决问题的能力，注重学生在编程过程中提出的问题以及在知识学习、案例编程、项目开发、兴趣小组等活动中的表现，关注学生的观察和实际知识的应用能力，提出问题的能力、收集信息和处理信息的能力等。

提倡评价形式多样化。注重通过过程考核方式对学生进行全面评估。考核内容包括各知识点掌握、编程技能、参与项目开发能力、职业素质、自主学习能力、团队意识等，如表 6.2 所示。

表 6.2　过程考核成绩评定办法

考核方式	过程考核(项目考核)70%			期末考核 30%(卷面考核)
	素质考核(根据课程情况调整)	作业考核(根据课程情况调整)	实操考核(根据课程情况调整)	
	10 分	30 分	30 分	30 分
考核实施	由指导教师、组长共同根据学生表现集中考核	主讲教师根据学生完成作业情况考核	由主讲教师、实训指导教师对学生进行项目操作考核	教务处组织实施
考核标准	1. 出勤情况 2. 课堂表现(提问、参与教师互动情况、正确率)	1. 课后上机作业完成情况 2. 作业正确率 3. 创新情况	1. 实训项目完成情况(及时性、规范性、正确性、完整性) 2. 个人在团队的作用(团队互评) 3. 实训中的创新情况	

(六) 优质的社会服务,提高学院影响力

① 不断提高职业技能鉴定能力。开展计算机应用技术相关的职业技能鉴定工作,加强考评人员队伍建设、培训大纲和培训教材建设、鉴定场所和鉴定设备建设,在监考、阅卷、操作技能鉴定等方面规范管理和严格要求,切实提高职业技能鉴定的质量。

② 积极拓展社会培训的领域。积极争取"阳光工程"项目,为阜阳市农民进城务工实施培训;利用暑假、寒假教学间隙招收社会青年开展短期职业培训。

③ 充分发挥学院在阜阳市职业教育中的龙头带动作用和示范作用,继续承担阜阳市中等职业学校师资培训任务,提高中职学校计算机应用专业教师的理论教学水平和实践教学技能。

④ 在全日制办学扩规模、上档次的前提下,积极利用资源和专业优势,大力发展对外服务,坚持"走出去,招进来"的路子,深入市场为计算机应用等服务行业进行员工培训,提高学校和专业的社会影响力。

⑤ 教师在加强社会服务的同时,积极鼓励学生进行相应的社会服务,提高学生的综合素质、社会声誉和就业竞争力。

二、人才培养方案的初步成效

2013年,“计算机应用技术教学团队”被评为校级教学团队;2014年,“计算机应用技术教学团队”又被评为省级教学团队。

(一) 专业人才培养质量稳步提高

以培养职业能力为目标,实施“五阶段、三循环、能力递进”的人才培养模式,学生通过五阶段的职业能力培养三次职业岗位实践、两个学习地点的学习,使学生的基本能力、专业能力、综合能力、职业能力层层递进,螺旋上升。

① 所培养的学生政治素质高。学院按照“敦品励行,技强业精”的校训培养、引导学生。学院积极组织开展一系列团体活动,如优良学风创建系列活动、职业生涯规划大赛、暑期社会实践活动、爱国主义教育、诚信教育、感恩教育等,学生的综合素质在这些活动中得到了充分的展现。

② 专业知识扎实,实践能力强。由于计算机应用技术专业课程设置合理,实验实训设备功能齐全,加之严格的教学管理,学生们在校期间掌握扎实的理论知识及计算机相关操作技能,完成学业后,能够直接上岗,实现与职业岗位的零距离对接,毕业生就业率提升到90%以上。

③ 技能竞赛成绩斐然。2012年,计算机应用技术专业3名学生参加一个项目竞赛,2人获得三等奖,1人获得优秀奖。2013年计算机应用技术专业6名学生参加2个项目竞赛,其中4人获得二等奖,2人获得优秀奖。2014年计算机应用技术专业6名学生参加安徽省职业技能大赛中2个项目竞赛,1人获得二等奖,4人获得三等奖。计算机应用专业累计培养毕业生1 000余人,就业率保持在96%以上。毕业生跟踪调查显示,就业稳定率保持在90%以上,各用人单位对学生的满意率达到了98%,专业对口率85%以上。

(二) 专业教学网络资源建设初见成效

专业核心课程均已实施“项目导向”“任务驱动”教学模式,按照基于工作过程系统的思路对每一门课程进行改革,整合教学内容,设计项目化学习情景并实施教学。已建成省级精品课程2门、省级MOOC课程2门、院级精品课程6门。开展数字化校园资源库建设,计算机应用技术专业核心课程资源库已全部建设完成,课程相关教学材料全部上网,为教师教学和学生自主学习提供服务。

（三）建立了较为完善的校内、外实践教学基地

已建成程序设计实训室、计算机组装与维修实训室、综合布线实训室、机器人实训室、物联网实训室等校内专业实训室 5 个、专业机房 10 个，拥有计算机 1 000 余台，专业仪器设备总值达到了 500 多万元。实训室和实验室面积将近 3 000 平方米，这为今后的实训基地建设提供了广阔的发展空间。教学设备除能够满足本专业教学需要外，还可为相关专业提供实习实训条件。

学院贯彻校企结合的方针，改变以学校为中心的封闭式的教育模式，积极创建校外实训基地，目前已建立了"安徽阜阳卓越电脑科技有限公司""中国阜阳移动分公司""中国电信阜阳分公司""中国联通阜阳分公司""阜阳汽运集团""上海英业达集团"等多个稳定的校外实习实训基地，学生可直接参与企业的计算机应用相关工程项目工作，实际动手能力和专业综合能力得到显著提高。

（四）凸显团队成果的省级教学团队

现有专兼职教师 21 人，其中专职教师 15 人，兼职教师 6 人。专任教师中，副教授 7 人，讲师 5 人，助教 3 人；10 人具备了双师资格；8 人具有计算机操作工考评员证书。近年来，专任教师中先后 10 人到企业第一线参加锻炼，13 人到相关高校和职业教育师资培训中心参加培训，2 位省级专业带头人，1 位省级优秀教师，1 位阜阳市专业技术拔尖人才，2 人在安徽省首届计算机大赛中分别获教师组二等奖和三等奖，2 人在安徽省课件评比中分别获二等奖和三等奖，1 人全国微课大赛中获优秀奖。广大教师积极参与教科研活动，近 3 年，有 3 人主持省级青年人才基金项目，3 人主持省级自然科学基金项目，1 人主持省级产学研科研项目，4 人承担院级重点课程建设，6 人主持院级教研项目，团队取得的教学成果显著，累计发表论文 80 篇，出版教材 10 本，市级以上教科研项目 23 个，获得市级以上奖励 50 余项，获得国家专利 4 项。

以校企合作为基础，积极引进企业优秀员工充实专业化教师队伍建设。现有校外兼职教师 4 名，他们具有高级职称，且具有丰富行业从业经历、项目开发经验和一定教学能力的企业一线专家，从事人才方案、课程标准的制定的指导工作和日常的实训项目教学工作。

（五）立足本院服务社会，提升影响力

依托计算机应用技术专业的师资和技术优势，面向社会开展各种计算机类培训工作及职业技能鉴定工作。充分利用联合培养、学历教育、短期培训等形式，发

挥人才、知识、专业优势,积极拓宽计算机应用专业的办学渠道,塑造计算机应用专业教学团队的良好社会形象。近几年来为各单位培养的人员数量是逐年递增(如表 6.3 所示),教师通过主讲的专业课和专题讲座,不仅提高了自己的业务指导能力,同时并在培养的过程中全面提高了阜阳地区工作人员的计算机应用的业务水平。

表 6.3 阜阳地区的计算机应用技术培训情况表

时间	项目名称	项目内容	服务对象	主持人	完成情况及成效
2007 年	师资培训	阜阳市中职技术培训	阜阳地区中职学校	李平	培训 70 人
2008 年	师资培训	阜阳市中职技术培训	阜阳地区中职学校	李平	培训 66 人
2009 年	师资培训	阜阳市中职技术培训	阜阳地区中职学校	李平	培训 65 人
2010 年	师资培训	阜阳市中职技术培训	阜阳地区中职学校	李平	培训 47 人
2011 年	师资培训	阜阳市中职技术培训	阜阳市中职学校	李成学	培训 49 人
2012 年	技能培训	服刑犯人培训	九龙监狱	李成学	培训 160 人
2013 年	技能培训	服刑犯人培训	九龙监狱	李平	培训 120 人
2014 年	技能培训	监狱干警培训	九龙监狱	李平	培训 30 人
2015 年	技能培训	公安干警培训	阜阳市公安局	顾红飞	培训 204 人

附录一　计算机应用技术专业调查报告

一、调研目的、内容及对象与方法

（一）调研的目的

通过调研，深入了解计算机应用技术专业就业岗位需求，明确专业人才培养目标及规格，为计算机应用技术专业人才培养方案的制订、课程体系的改革提供有力的依据，在此基础上完成“计算机应用技术专业人才培养方案”。

（二）调研的内容

① 分析企业、事业单位和 IT 行业对计算机应用技术专业毕业生的需求情况。
② 明确计算机应用技术专业的岗位群。
③ 分析岗位群对学生素质与能力要求。
④ 了解各行业对计算机应用技术人员的职业资格要求。
⑤ 了解企业对职业院校计算机应用技术专业课程开始的意见和建议。

（三）调研的对象与方法

1. 调研对象

通信运营商 3 家（阜阳电信、阜阳联通、阜阳移动），企业单位信息部 8 家（阜阳华联集团、阜阳商厦、阜阳昊源化工集团、阜阳市中医院、合肥和润机电有限公司、芜湖甬微制冷配件有限公司、阜阳华信电子仪器有限公司、合肥美芝集团），IT 企业 5 家（联想阜阳维修站、惠普阜阳维修站、阜阳卓越电脑有限公司、安徽创睿软件技术有限公司、安徽阜阳诚意电脑有限公司），其他服务类等小企业 10 家。

2. 调研方法

现场访谈、调查问卷、座谈。

二、人才需求调研数据分析

（一）区域经济发展对计算机应用技术专业人才的需求

计算机及计算机的应用正快速的朝着网络化、多功能化、行业化方向发展。社会需要大量的高职计算机专业技术人才。

宏观背景：《“十二五”国家战略性新兴产业发展规划》重点发展方向和主要任务是发展节能环保产业、新一代信息技术产业、生物产业、高端装备制造产业、新能源产业、新能源汽车产业。计算机应用技术产业是增长最快的朝阳产业，是具有高额附加值、高投入高产出、无污染、低能耗的绿色产业。计算机应用产业的发展将推动知识经济的进程，促进从注重量的增长向注重质的提高方向发展，是典型的知识型产业。

社会需求：十二五规划还提出，互联网要通达所有乡镇和绝大部分行政村，上网计算机数量达到 1 亿台，国际互联网出口总带宽达到 650 GB 以上。随着 4G 网络、“三网融合”、电子政务、电子商务、企业信息化的建设与发展，企业对高技能新型计算机应用技术人才需求预计今后 5 年将达到 60 万～100 万人。

地方需求：如附图 1 所示。

阜阳市政府这些年始终高度重视信息化的建设，一直把加快信息化建设作为走新型工业化道路，推进产业结构调整，转变经济增长方式，贯彻落实科学发展观和构建社会主义和谐社会一项重大举措，使城市整体信息化水平显著提升。投资近 34.2 亿元建设以互联网、物联网、通信网、无线宽带网“四网合一”为基础的智能型城市。建设阜阳智慧城市，规划未来 5 年投资 326 亿元。阜阳市目前在信息基础设施建设方面，市交通运输局已建立了 GPS 监管平台，实现省、市、企业三级联网运行，市交通应急调度指挥中心一期已投入运营，公交智能调度中心也已运营；农业物联网初步建立，全市有 5 个县市区建立了农业物联网小麦“四情”监测等 7 个监测点，太和县被确定为全省农业物联网应用示范县。在阜阳农业信息网设置了农产品供求交易信息“一站通”服务平台、“三农”热线问题处理平台等。

下一步，阜阳市将组织实施“1511 工程”，即建设 1 个城市公共信息公共平台，完成保障体系与基础设施、建设与宜居、管理与服务、产业与经济、创新发展等 5 项重点任务，推进城市建设与管理、电子政务、智能交通、农业现代化等领域 11 个重点建设项目,加快推进智慧城市建设步伐。庞大的数据信息系统将需要大量的计算机应用型高职人才。阜阳职业技术学院是皖北地区唯一一所国家级示范高职院校,无疑肩负着为社会输送计算机专业的高技能型人才的重任。

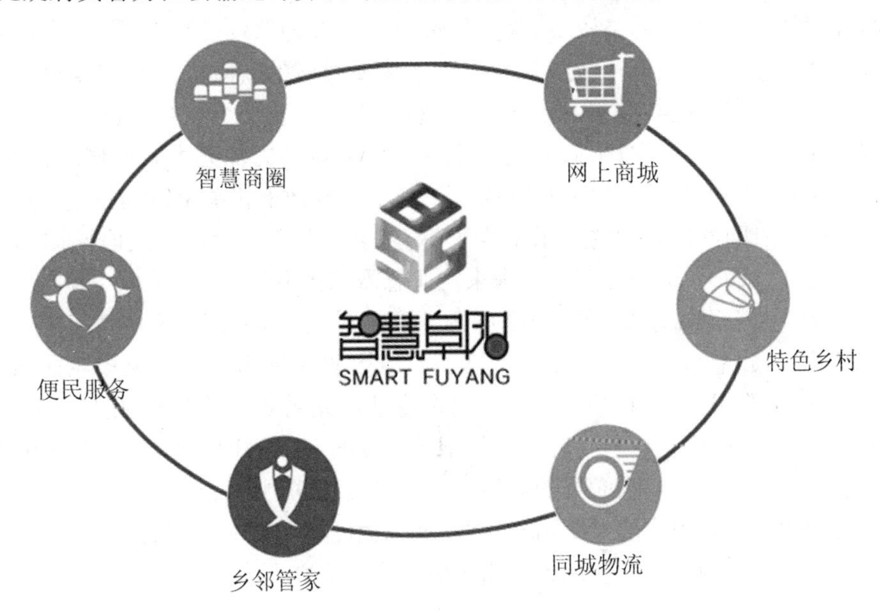

附图 1　地方信息人才需求

(二) 行业发展对计算机应用技术专业人才的需求

随着我国互联网行业的全面复苏以及计算机应用在更高层次的大规模展开,我国的计算机应用人才需求也在全新的层面上逐步呈现了出来。安徽省企业约31万家,企事业单位信息系统的建设、运行与维护,将是目前和今后采购、应用计算机产品的主流需求。同时,随着安徽6个县市被列为国家智慧城市建设,安徽省近年来信息产业规模不断扩大,产业结构不断优化,信息产品不断丰富。根据各地十二五规划,安徽将初步形成以信息服务市场为主线,以软件与集成电路设计为核心,以电子信息产品与集成电路制造为基础,技术创新与信息技术改造有机结合,信息化与工业化良性互动的电子信息产业发展体系,到2020年,把安徽打造成信息服务业基地和中部电子信息产品制造业强省。

从目前我国现有的情况来看,有较大信息应用人才需求的主要有以下几个方面:

一是政府机关政府上网工程的实施造就了人才和培训的巨大需求。我国电子政务建设也已进入实质性阶段。总投入达2 500亿元,以“两网一站四库十二金”为主要内容的软硬件建设工程已全面启动(“两网”指电子政务内、外网,“一站”指政府门户网站,“四库”指人口、法人单位、空间地理和自然资源、宏观经济 4 个国家基础数据库,“十二金”指金税、金关、金财、金盾、金农、金水、金质等 12 个国家重点业务系统);各级政府部门纷纷将电子政务建设与政府机构改革、理顺内部管理流程相结合,利用国家基础网络资源,大力铸造电子政务的软硬件环境,不断推进政府上网和网上办公,我国电子政务建设进入了快速发展的新阶段。现如今政府网站数量据不完全统计已有 2 000 余个地(局)级以上政府机关上网建立网站并逐步形成网上办公。县(处)级以下政府机关上网单位数量将更加庞大。粗略统计,实现上网的政府机关不足政府机关总数的 5%,已经实现政府机关上网的数量超过 1 万个。全国政府网站待建设的需求不少于 15 万个。保守估计每个政府网站的人按照 2 人计算,从业人员约 2 万人。未来从业总需求将不少于 30 万人。

二是企业上网需求猛增。根据中国互联网信息中心统计,截至 2014 年 5 月底,中国网站数量为 301 万个,半年增长 26 万个,增长率为 9.6%,其中企业网站占 60.7%,有企业网站近 200 万个,按照每个企业网站需要计算机从业人员 1 人,则共需 200 万人,目前企业上网总数不足全部企业的 50%,相比之下,美国有 60%的小企业、80%的中型企业、90%的大型企业已借助互联网广泛开展商务活动。中国与外国相比还有相当大的差距,企业网站增长速度将还要大幅度的上升,未来从事企业信息化工作的计算机应用人才需求将不少于 100 万人。

(三) 调研对象对计算机应用专业人才需求分析

在专业调研的基础上,我们进行了横向和纵向分析。分析结果显示,聘用的高职生职业能力要求:90.1%的企业认为聘用人才最优先考虑的因素需要团队意识、82%的企业认为需要职业道德、66.5%的企业认为需要专业知识;57.7%的企业对 IT 类就业市场信息的了解主要通过各种媒体;70.2%的企业最希望的岗前培训方式是就地自己培训;大部分企业认为毕业生必须具备办公软件能力、网站管理能力、应用软件快速学习能力、系统安全保障;企业认为计算机应用专业高职生应取得全国 IT 类职业资格证书(70.2%企业)、Adobe 的 PS 证书(45.9%企业);大部分企业认为计算机应用技术专业课程至少应包括数据库开发、网页设计与开发、多媒体制作、图像处理、信息技术安全等课程;62.1%的企业认为高职学生工作起薪 1 500~2 000 元比较合适;大部分企业认为有必要让员工继续学习,可不脱产培训。

三、结论与建议

（一）本专业主要的职业岗位

通过人才需求调研，结合高职学生的学习特点，适合高职学生就业的职业范围及岗位群主要是：

就业方向分析：

信息技术的快速发展，计算机应用技术人才在这些企事业单位的需求大增，主要体现在以下几个方面：

① 政府机关信息化的实施促使计算机应用技术人才的大量需求。

② 企业信息化建设促使计算机应用技术人才的大量需求。

③ 现有媒体网站、电子商务、专业性质网站的发展需要大量的计算机应用技术的人才开发维护。

IT 企业就业岗位群：

① 管理岗位：企业信息主管、总监、IT 经理、项目经理等。

② 工程技术岗位：规划设计师、网络工程师、系统工程师和数据库工程师等。

③ 运行维护岗位：数据库管理员、系统管理员、网络管理员、服务器管理员等。

④ 操作岗位：办公文员、网页制作员、平面设计员、多媒体制作员等。

信息技术的广泛运用需要地方高职院校输送大量的计算机应用技术人才。阜阳职业技术学院作为皖北地区的国家级示范高职院校无疑肩负着培养优质技能型人才的重任。

（二）人才培养目标定位

通过对计算机应用技术专业实施调研，明确计算机应用技术专业人才面向的主要职业岗位。计算机应用专业的培养目标具备良好的思想道德素质，具有良好的职业道德和创新精神，掌握计算机应用的专业基础知识和基本技能，在生产、服务和管理第一线工作的计算机办公应用、硬件维护、网络应用和软件应用的初、中级技能型专门人才。

以此为基础，召开专业岗位能力分析会，进一步分解工作职责和工作任务，对完成职业岗位任务应具备的能力进行分析，从而确定学生应具备的综合素养和职业岗位能力。最终计算机应用技术专业采用“五阶段、三循环、能力递进”的人才培养模式，注重培养学生的多种技能。工程科技学院在学生3年的高职学习中着重培养学生三大职业技能：

① 计算机应用技术工程技术方向：主要是培养能从事计算机网络安装、测试、维护、管理和应用的中等应用型专门人才和高素质劳动者。

② 计算机应用技术运行维护方向：培养信息系统运行管理员、网络管理员等岗位需要的德、智、体、美全面发展的高素质技术技能型专门人才。

③ 计算机应用技术操作方向：从事企事业单位的办公文员、网页制作员、平面设计员、多媒体产品开发、广告设计与创意、印刷品的设计等领域的专业技术人员。

（三）本专业学生应考取的职业资格认证

学生毕业前参加高级工职业技能鉴定，可获计算机操作员、计算机程序设计员、多媒体作品制作员等职业资格证中一种，或者至少获得微软、联想、华为、神州数码等一种知名行(企)业认证的证书。

（四）本专业课程体系

根据典型职业岗位确定其相应的典型工作任务，分析学生应具备的岗位职业能力围绕本专业就业的岗位(群)。完成计算机应用技术专业职业岗位典型工作任务及岗位职业能力分析后，按照“学期项目主导”的方法进行课程体系建设。“学期项目主导”是按照企业上岗人员完成工作的难易程度，按照“入门→独立接受简单任务→独立接受复杂任务→独立顶岗”几个阶段，每学期至少选取一个典型的独立工作任务，学期课程的开设全部围绕学期项目所需的技能、相关知识和素质要求组织教学，最终形成学期整合课程及学期项目。根据专业学期项目形成表，构成专业课程体系框架，如附图2所示。

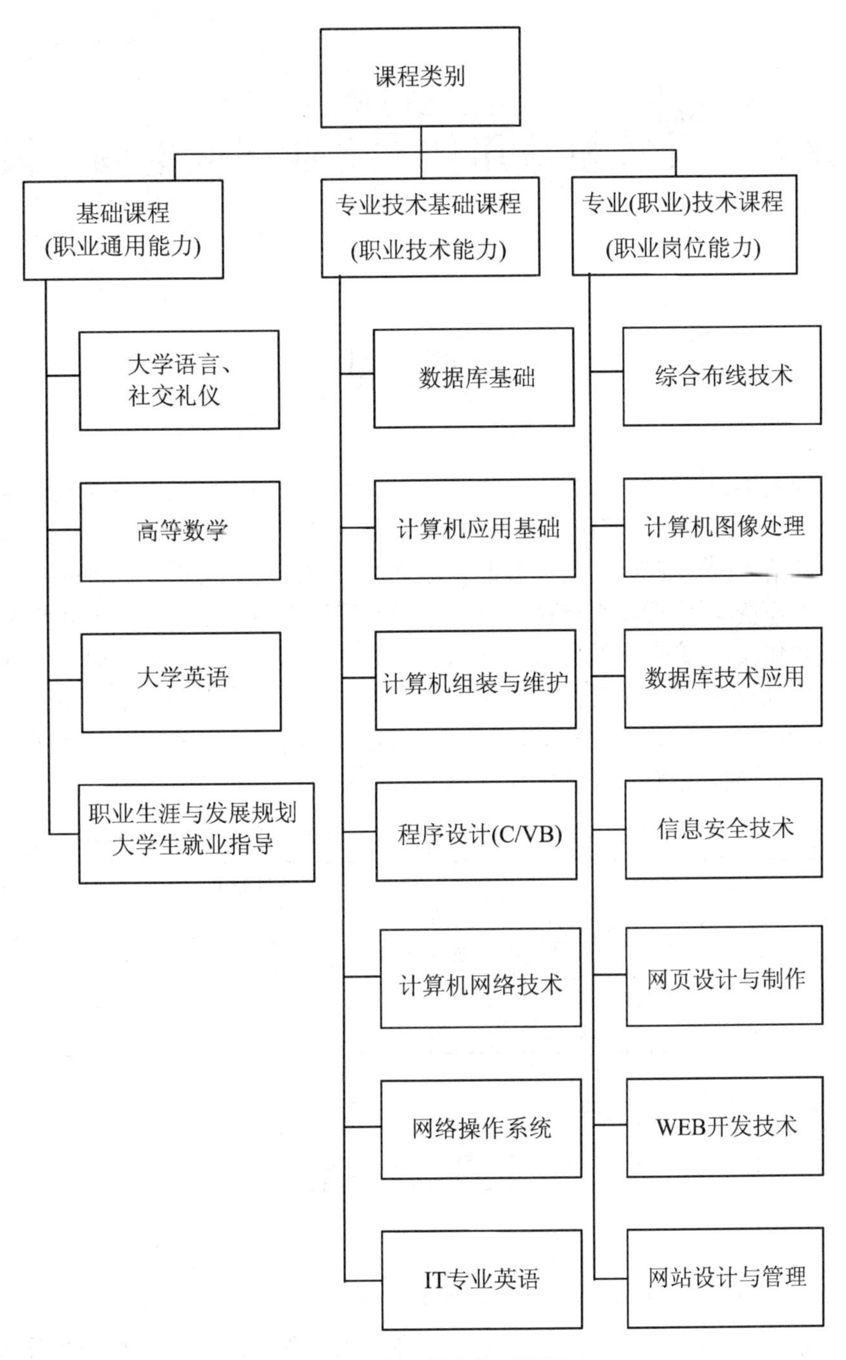

附图 2　专业课程体系框架

附录二　计算机应用技术专业毕业生调查报告

一、调查目的

长期以来，高等职业教育的培养目标、人才规格和培养模式一直是高职院校着力探讨的重要课题。高等职业教育如何适应社会对人才的要求，如何审视高等职业教育的培养模式等问题，是高等职业教育改革和发展的关键。为进一步了解毕业生的工作情况，掌握用人单位和毕业生对计算机应用技术专业在人才培养方面的意见和建议，有针对性的推进和加强教育教学改革，做好教学、科研和毕业生的就业工作，信息技术系针对计算机应用技术专业开展了一次毕业生质量跟踪调查活动（如附表1所示）。调查结果表明，必须对目前高职计算机应用技术类专业进行改革，以适应社会对人才的要求。

附表1　阜阳职业技术学院计算机应用技术专业2013届毕业生就业率统计表

学年	所属系部	专业名称	毕业生总人数	9月1日就业		12月31日就业	
				就业人数	就业率（%）	就业人数	就业率（%）
2013	工程科技学院	计算机应用技术	88	78	88.6	85	96.7

二、调查结果

根据被调查企业反馈的意见可以看出，对毕业生的评价主要有：

毕业生在工作上踏实认真，有责任感，能安心工作。但由于收入等原因流动较大，也存在业务能力、人际关系等原因造成的毕业生流动。业务水平和岗位适应能力较强。适应岗位时间一般为3个月至1年。学生动手能力较强。但在组织管理与创新能力上有待加强，尤其是创新能力上，多数毕业生也认识到了这一点，积极主动参加企业的技术创新活动。毕业生对工作后继续学习与再培训要求强烈。企业努力创造条件,支持他们继续学习。与同等学历其他专业相比,企业认为计算机应用专业毕业生在某些方面有着优势,而在另外一些方面认为较欠缺。

具体情况如附表 2、附表 3 和附表 4 所示。

附表 2 计算机应用技术应用专业高职高专毕业生从事的岗位情况表

从事岗位	人数	百分比(%)
软件操作	20	22.7
硬件维护	21	23.9
营销	30	34.1
个体经营	6	6.8
行政管理	11	12.5

附表 3 企业对毕业生的评价分析

调查方面	评分标准	百分比(%)
工作态度	踏实认真	63.5
	基本认真	33.9
	不认真	2.6
责任感	主人翁意识和责任感强	22.0
	有基本责任感	72.7
	主人翁意识淡薄	5.3
是否安心工作	是	35.0
	基本是	59.7
	否	5.3
岗位流动性	大	72.7
	小	27.3
业务能力水平	强	39.7
	一般	55.0
	差	5.3
岗位适应能力	强	42.0
	一般	50.7
	差	7.3

续表

调查方面	评分标准	百分比(%)
专业知识	专业知识超前	8.0
	专业知识落后	60.0
	专业知识恰当	32.0
动手能力	强	9.4
	较强	54.2
	一般	35.4
	弱	1.0
组织管理能力	强	8.3
	较强	7.4
	一般	35.8
	弱	48.5
创新能力	强	11.4
	较强	16.6
	一般	33.4
	弱	38.6
是否积极参加技术创新活动	经常参加	16.9
	有时参加	33.9
	很少参加	49.2
人际交往与合作精神	好	9.8
	较好	13.2
	一般	54.5
	较差	20.5
再培训欲望	要求强烈	54.7
	听从领导安排	45.3
	无兴趣	/
对培训和继续学习态度	创造条件,积极支持	63.3
	支持	36.7
	不支持	/

附表 4　优势分析与欠缺分析

优势点	百分比(%)	欠缺项目	百分比(%)
文化基础	7.0	文化基础	14
专业知识	29.9	专业知识	16
职业道德	13.4	外语	40
身体素质	10.2	身体素质	4
人际交往	2.6	人际交往	19
计算机操作	36.9	计算机操作	7

从附表 4 来看,一方面,一般企业认为毕业生在本专业知识方面基本恰当,能基本满足工作需要;另一方面,合作精神和一定的人际交往也是很重要的,特别是在软件公司非常注重合作意识培养。本专业毕业生在这方面有一定的欠缺,所以在校期间需要加强学生的专业合作精神和交往能力的培养,尤其是外语能力的培养。

三、用人单位对计算机应用技术专业毕业生质量的评价和教育教学方面的意见和建议

通过本次调查,用人单位对计算机应用技术专业毕业生质量从总体素质、敬业精神、合作精神、社会责任感、知识结构、专业知识、实际工作能力、灵活性和应变能力、组织管理能力、获取知识和信息的能力、外语实际应用能力、计算机应用水平、实践动手能力、开拓精神和创新能力等各方面进行总体评价。结果显示用人单位对计算机应用技术专业毕业生总体评价较高,这说明毕业生在工作后表现了较强的总体素质、敬业精神、合作精神和社会责任感;毕业生所具有的扎实的知识结构、实际工作能力、计算机水平等指标方面的表现受到单位的普遍好评。其中用人单位对计算机应用技术专业毕业生的总体素质、敬业精神、合作精神的总体评价最高。

通过调查分析也可以看出用人单位对毕业生的灵活性、应变能力、组织管理能力、外语实际应用能力、动手能力和开拓创新能力等方面的表现还不是很满意。因此,学校在以后的教育教学工作中应加强对学生这几方面素质的培养。

用人单位最看中计算机应用技术专业毕业生的整体素质、专业知识、计算机能力这三个方面的表现。这与计算应用技术专业长期重视专业课教学,重视计算机能力的培养分不开的。

用人单位诚恳地提出计算机应用技术专业在对在校生的教育教学工作中，应重点加强在校生的实际动手能力、实践环节和科研创新能力的培养工作。

用人单位对计算机应用技术专业人才培养和毕业生的就业工作的建议：

① 希望计算机应用技术专业在人才培养的过程中，根据企业的需求探索复合型人才的培养模式，培养一些网络技术与营销知识兼备的实用性复合型人才。

② 课程的设置与企业的需求相结合。通过调查，有 18 家单位建议计算应用技术专业在课程设置上应在紧密结合企业的需求，加强应用软件使用能力培养，加强数据库和信息安全技术应用方面的实践能力培养。

③ 加强学生实际操作能力的培养，以缩短走向社会的不适应期。许多培养单位建议计算应用技术专业在人才培养的过程中除了专业知识和课程学习外，还应加强对学生的动手操作能力的培养，调整教学计划设置一些试验课、实践课和实际实习操作的相关课程。

④ 许多用人单位建议学校加强学生吃苦耐劳精神的培养。学生在学校的学习期间不仅要传授给学生专业知识和技能，也要使学生具有艰苦奋斗、吃苦耐劳克服困难的精神以适应未来的工作和生活。

⑤ 培养单位建议学校应加强对在校生团队精神的培养，以适应工作后的工作和科研需要。

⑥ 加强校企合作，最好建立学校和用人单位之间的合作组织，健全合作机制，实现学校和用人单位之间的良好沟通。学校应向用人单位及时发布人才信息，了解用人单位的人才需求。用人单位也要根据单位实际需求向学校提出在人才培养方面的建议。

⑦ 学校也要多和用人单位沟通，提供毕业生学习、综合素质和社会背景方面的资料。

⑧ 在人才选拔方面，许多单位认为通过面试和笔试方式，在短时间内很难选拔出适合企业需要的优秀人才，所以许多用人单位提出，通过学校和企业的长期合作机制的基础上，让学校推荐毕业生到单位实习，单位在实习期间选拔优秀毕业生留用。

四、思考和建议

本次调查所涉及的用人单位是计算机应用技术专业毕业生就业的典型单位，调查的毕业生也是从各班随机抽取出来的，因此调查结果具有一定的代表性和可信性。上述调研结果为正确判断计算机应用技术专业毕业生质量和进一步深化计算应用技术专业教育教学改革提供了较为客观的依据。从调查上看，计算机应用技术专业已经形成了自己鲜明的学科特色和人才培养优势，在人才培养上形成了重基础、博前沿、高素质的特色，所培养的毕业生普遍受到用人单位的欢迎。在当今形势下如何发扬优势、克服弱点，使培养的人才更能适应社会的需要、更受社会欢迎是值得思考的主要问题。

（一）人才培养目标方面

许多培养单位对计算机应用技术专业毕业生的动手能力和实际操作能力不是很满意，因此在教学环节上要加大实践教学环节的投入，强化动手能力的培养；多渠道的开辟学生的实习途径，提高学生的动手能力，缩短学生参加工作后的适应期。

（二）知识和能力结构方面

一个高层次人才的知识和能力结构包括专业知识和技能，社会科学知识、社会交往能力、组织领导能力在内的人文素质，价值观、决策能力、创新能力在内的精神素质。

不少单位和毕业生建议应加强外语、管理能力，团队合作精神和吃苦耐劳精神等素质的培养。学校在制定各专业的人才培养方案时，应在全面考虑各方面知识和技能的基础上，保证毕业生能尽快地满足岗位需要的原则下来设计基础知识和能力结构。

（三）在培养途径上

许多单位和学校提出了通过校企合作的方式共同培养毕业生，一方面学校可以及时的了解企业的需要，获得学生的实习场所，在教学上做到有的放矢；另一方面也可以保证企业选拔和获得优秀的毕业生。学校应考虑怎样很好利用校友资源，探索校企合作的新机制，修订完善的人才培养方案。

（四）在教学内容和课程设置方面

许多用人单位和毕业生认为计算机应用技术专业教学中存在内容陈旧，过于讲究理论系统化，跟不上现代行业发展的需要，主要是课程设置的面窄。学校应当紧跟计算机技术发展的前沿，加速新教材的编辑出版工作。加大选修课的力度，增加跨学科专业课程。用人单位认为应该加强的课程依次是技能训练和外语等课程。

我们应充分考虑到当代科学技术发展的趋势，注意知识交叉渗透，增强学生的兼容能力。应注意有利于培养学生的思想素质、人才素质、业务素质及身心素质的协调发展。

（五）继续抓好基础理论和专业课教学工作

扎实的基础理论和专业知识，是毕业生在社会上赢得良好的社会声誉的重要原因。总结计算机应用技术专业的成功经验，抓好学生的基础理论课和专业课教学工作。以学科建设为基础，加大对学术带头人及青年教师的培养和对人才的引进力度，包括从通讯企业引进富有经验的工程师和科研人员，继续加强师资队伍建设。在管理上狠抓教学质量，改革基础理论教学，加强理论与实践的结合，重视思维方法与创新能力的培养；改革教学方法和教学手段，注重学习方法与学习能力的培养，紧跟科技发展，转变教育观念，实施综合素质教育。

（六）进行全程就业指导，使学生合理规划职业生涯

用人单位认为毕业生的就业的理念及应对社会的能力还是不够的，计算机应用技术专业的就业指导工作，应该树立从入学时讲就业、到毕业时就好业的理念。一年级新生，应着重让他们认识大学的意义，认识专业的特点及将来适应的职业，确定奋斗目标，进行个人职业生涯设计；二年级学生应分析自我特点，进行自我完善，确认职业目标；三年级学生应认清专业所适应的工作领域，通过专业知识的学习和调适，培养和发展与目标相适应的各方面能力，掌握各项与职业目标相应的技能。通过3年连续系统性指导为学生整个职业生涯的规划提供了很好的基础，更能适应社会的需要。

参考文献

[1] 赵志群.职业教育学习领域课程及课程开发[J].徐州建筑职业技术学院学报,2010(2):1-8.

[2] 王风茂.技能大赛促进专业建设与教学改革的分析研究[J].青岛职业技术学院学报,2014(4):22-25.

[3] 姜大源.当代德国职业教育主流教学思想研究:理论、实践与创新[M].北京:清华大学出版社,2007.

[4] 高飞.汽车维修行业的现状与需求预测[J].内蒙古科技与经济,2007(24):58-60.

[5] 马树超,郭扬.高等职业教育:跨越·转型·提升[M].北京:高等教育出版社,2008.

[6] 姜大源.论行动体系及其特征:关于职业教育课程体系的思考[J].教育发展研究,2002,22(12):70-75.

[7] 胡燕燕.浅谈高职课程体系的构建原则[J].中国职业技术教育,2005(1):47-49.

[8] 孙仁鹏.高职计算机应用专业人才培养方案研究[J].教育教学论坛,2005(9):178-179.